高等院校产教融合创新应用系列

# Python 程序设计基础与应用

河南打造前程科技有限公司　主编

清华大学出版社

北　京

## 内 容 简 介

本书是一本 Python 编程语言的入门级教材，旨在系统地介绍 Python 编程语言，从而让读者掌握 Python 编程语言的核心知识和实用技能。全书共 10 章，内容涵盖了 Python 语言的特点、编程环境搭建、Python 基础语法、流程控制和异常处理、高级数据结构、面向对象编程、文件和文件夹操作、数据库编程等多个方面。

本书不仅注重理论，更着眼于实际应用，通过案例动手操作，帮助读者快速掌握 Python 编程的精髓。本书可作为高等院校计算机、信息技术、人工智能及相关专业程序设计语言课程的教材，也可作为 Python 语言初学者的参考书。

**图书在版编目(CIP)数据**

Python 程序设计基础与应用 / 河南打造前程科技有限公司主编. —北京：清华大学出版社，2024.3
高等院校产教融合创新应用系列
ISBN 978-7-302-65482-7

Ⅰ. ①P⋯　Ⅱ. ①河⋯　Ⅲ. ①软件工具—程序设计—高等学校—教材　Ⅳ. ① TP311.561

中国国家版本馆 CIP 数据核字(2024)第 019958 号

责任编辑：王　定
封面设计：周晓亮
版式设计：孔祥峰
责任校对：马遥遥
责任印制：曹婉颖

出版发行：清华大学出版社
　　　　　网　　　址：https://www.tup.com.cn，https://www.wqxuetang.com
　　　　　地　　　址：北京清华大学学研大厦 A 座　　　　　邮　　编：100084
　　　　　社 总 机：010-83470000　　　　　　　　　　　邮　　购：010-62786544
　　　　　投稿与读者服务：010-62776969，c-service@tup.tsinghua.edu.cn
　　　　　质 量 反 馈：010-62772015，zhiliang@tup.tsinghua.edu.cn
印 装 者：三河市科茂嘉荣印务有限公司
经　　销：全国新华书店
开　　本：185mm×260mm　　　印　　张：16.75　　　字　　数：450 千字
版　　次：2024 年 3 月第 1 版　　　印　　次：2024 年 3 月第 1 次印刷
定　　价：69.80 元

产品编号：103258-01

# 前　言

党的二十大报告明确指出："教育、科技、人才是全面建设社会主义现代化国家的基础性、战略性支撑。必须坚持科技是第一生产力、人才是第一资源、创新是第一动力，深入实施科教兴国战略、人才强国战略、创新驱动发展战略，开辟发展新领域新赛道，不断塑造发展新动能新优势。""加快发展数字经济，促进数字经济和实体经济深度融合，打造具有国际竞争力的数字产业集群。"数字经济的崛起与繁荣，为经济社会发展赋予了"新领域、新赛道"和"新动能、新优势"，正在成为引领中国经济增长和社会发展的重要力量。

随着人工智能、物联网、云计算等技术的快速发展与广泛应用，世界正在经历一场数字化变革。当今，人工智能已经渗透到各领域。随着算法和计算机硬件的不断提升，人工智能的应用范围和领域也在不断拓展。学习 Python 编程语言，是适应时代发展的需要，也是占领数字领域的重要一步。作为基础性的编程语言之一，Python 语言因其简单易学、功能强大和生态完整等优势，成了当今时代热门的编程语言之一。而采用 Python 编程的应用领域也越来越广泛，如数据科学、机器学习、深度学习、自然语言处理领域等。

人工智能相关专业的高校教学体系配置过多地偏向理论教学，课程设置与企业实际应用契合度不高，学生很难把理论转化为实践应用技能。为此，我们针对软件开发、网络编程、数据分析、人工智能等领域编写这本《Python 程序设计基础与应用》，以帮助学生将理论能力转化为实践能力。

本书内容由浅入深、适合初学者学习 Python 编程语言。本书旨在系统地介绍 Python 编程语言，从而让读者掌握 Python 编程语言的核心知识和实用技能。全书共分 10 章，内容涵盖 Python 语言概述、基础语法、流程控制、高级数据结构、面向对象编程、文件和文件夹操作、数据库编程等。本书不仅注重理论，更着眼于实际应用，通过设置案例及练习题，帮助读者快速掌握 Python 编程的精髓。

本书内容组织具体如下。

第 1 章介绍了 Python 语言的特点、编程环境搭建，并通过案例实现了一个简单的图形输出。

第 2 章介绍了 Python 语言的基本元素，包括标识符、关键字、变量、各种数据类型、运算符，以及数据的输入与输出。

第 3 章介绍了流程控制和异常处理。其具体包括选择结构设计、循环结构设计、循环跳转及异常处理等内容，通过一个实际案例——猜拳游戏，展示了如何运用这些概念和技巧。

第 4 章详细介绍了 Python 中的高级数据结构，包括列表、元组、字典、集合和切片的使用内容，通过案例——用户管理系统进行了应用演示。其主要内容包括技术点综合运用、程序逻辑思维提升。

第 5 章介绍了 Python 中的正则表达式，讲解了正则表达式语法、re 模块方法的使用，以及正则表达式对象、子模式及 match 对象的使用等，同时也给出了正则表达式在实际应用中的例子。

第 6 章详细介绍了 Python 中函数的各个方面。其主要内容包括函数的定义、调用、参数的默认值、可变参数、命名空间和作用域、高阶函数、匿名函数、生成器和装饰器等。通过一个实际案例——自动售货机，展示了如何灵活运用这些概念和技巧来构建一个完整的自动售货机系统。学生通过对本章内容的深入学习，可以更好地理解函数的重要性，并提升在 Python 编程中使用函数的能力。

第 7 章介绍了 Python 中的面向对象编程，包括类的定义、对象的创建、成员变量、构造方法、实例方法、类变量、类方法、封装性、继承性和多态性等内容，通过一个实际案例，展示了如何使用 OOP 实现一个点餐系统。

第 8 章介绍了 Python 中对文件和文件夹的操作，包括文本文件、结构化的文本文件的读取和写入、二进制数据的处理。

第 9 章介绍了数据库编程，通过数据库驱动 pymysql 模块实现对 MySQL 数据库连接操作，以及使用数据库连接池提高运行效率。

第 10 章主要介绍了 Python 计算生态，包括内置标准库中的随机库、时间和日期库、绘图库，以及第三方库的使用，同时也通过案例演示了文本处理、图像处理、分词、构造词云等内容。

本书的特色如下。

系统化的学习方式：本书按照基础语法到实际应用的递进方式，介绍了 Python 编程的基础知识和各种应用场景，让读者从简单到复杂，逐步掌握 Python 编程的核心内容。

实用性强的案例：本书重视实际应用，通过编写大量的实例，让读者更好地理解 Python 编程思想和方法，并能在实际应用中灵活运用。

深入浅出的讲解：本书采用通俗易懂的语言，结合丰富的代码实例，让读者更加深入地理解 Python 编程语言中的各个知识点和应用场景。

希望本书能够为初学者和有编程经验的人员提供一份简单明了、易于掌握、实用丰富的 Python 编程学习资料，帮助他们建立扎实的 Python 编程基础，快速掌握 Python 编程技能，逐步成为 Python 编程专家；了解 Python 在人工智能领域的应用，通过实践和项目经验不断提升自己的编程水平，在未来的编程领域中有更大的发展。

本书的适用对象如下。

- Python 零基础的读者。
- 数据分析应用的开发人员。
- 开设有数据分析相关课程的高校教师和学生。
- 开设人工智能专业课程的高校教师和学生。

本书免费提供教学课件、教学大纲、教学视频、案例源代码、习题参考答案等教学资源，读者可扫描下列二维码获取。

教学课件　　　　教学大纲　　　　教学视频　　　　案例源代码　　　　习题参考答案

编者

2023 年 12 月

# 目　录

# Python 语言概述 第**1**章

Python 是一种高级编程语言，是当前应用较为广泛的计算机语言之一，具有简洁、易读和强大的特点。它于 1991 年由 Guido van Rossum 开发，被广泛应用于 Web 开发、数据科学、人工智能、网络爬虫、自动化脚本、游戏开发等领域。本章将介绍 Python 语言的发展历史、主流版本、语言特点、Python 程序的执行原理、Python 环境的搭建、开发工具的使用，以及体验 Python 的趣味程序等内容，以帮助读者快速地了解 Python。

## 学习目标

> 了解 Python 的历史和起源
> 理解 Python 的特点和优势
> 认知 Python 的版本
> 掌握 Python 的安装和软件配置方法
> 开发环境的安装与体验

## 1.1 走近 Python

本节主要介绍 Python 的发展历史、Python 的版本、Python 语言的特点、解释型语言与编译型语言的区别，以及 Python 程序的执行原理等内容。

### 1.1.1 Python 的发展历史

首先，通过一个真实的故事来了解 Python 语言的诞生。

在计算机的世界里，有一个名叫 Guido van Rossum(以下简称 Guido)的荷兰程序员。当时，Guido 在阿姆斯特丹的荷兰数学与计算机科学研究所(CWI)工作。他是一个富有创造力和激情的人，总是在寻找一种简单而强大的编程语言。

于是，Guido 开始了他的创造之旅。他以 ABC 语言为基础，参考了 Modula-3 和其他一些编程语言的特点，并加入了自己的创新思想，最终设计出了一种新的语言。他给这个语言取名为 Python，以纪念他最喜欢的电视剧《蒙提·派森的飞行马戏团》。

Python 语言的设计理念是"优雅"和"明确"，即使用尽可能简洁的语法表达尽可能多的功能。Guido 希望开发者能够使用最少的代码完成更多的工作，同时保持代码的可读性。

在 1991 年，Guido 发布了 Python 的第一个版本 Python 0.9.0。该版本具备了基本的语法和一些常用的功能。在设计过程中，他注重简洁和可读性，遵循了"一切皆对象"的原则。他还为 Python 引入了缩进风格的代码块表示法，这种风格通过代码的缩进来表示程序的结构，提高了代码的可读性。

随着 Python 逐渐发展壮大，不断吸引更多的开发者加入其中。Guido 也在社区的帮助下不断改进和扩展 Python，融入了模块化、面向对象和动态类型等特性，使 Python 变得更加灵活和强大。随着时间的推移，Python 的应用范围不断扩大，并拥有了庞大的生态系统，包括各种生态库、框架和工具，为开发者提供了丰富的资源和支持。

## 1.1.2　Python 版本认知

Python 有许多不同的版本，每个版本都有其自身的特点。以下是 Python 的一些主要版本及其特点的简要说明。

(1) Python 1.x 系列：Python 的最早版本，于 1994 年发布。这个系列的版本具有基本的语言功能，如模块、函数、类等，但在功能和性能方面相对较简单。

(2) Python 2.x 系列：Python 的第一个广泛采用的版本，于 2000 年发布。其中，最具影响力的版本是 Python 2.7，在很长一段时间内被广泛使用。Python 2.x 系列存在一些向后不兼容的变化，导致在迁移代码时需要进行一些调整。这个系列的维护于 2020 年 1 月停止，不再更新。

(3) Python 3.x 系列：是当前推荐的版本，是未来发展的重点。Python 3.x 于 2008 年发布，解决了 Python 2.x 系列中的一些设计缺陷和不一致性。它引入了许多新特性和改进，同时移除了一些旧的特性。Python 3.x 系列是向后不兼容的，因此需要对现有代码进行修改以适应新的语法和功能。

在 Python 3.x 系列中，每个小版本(如 Python 3.1、Python 3.2 等)都引入了一些改进和修复。其中，最重要的版本是 Python 3.5、Python 3.6、Python 3.7、Python 3.8、Python 3.9 和最新的 Python 3.11，这些版本都增加了新的语言特性、改进了标准库并且优化了性能。

值得注意的是，Python 的不同版本在语法和功能上可能会有一些差异。因此，开发者应该根据项目的需求选择合适的 Python 版本，并确保代码与目标版本兼容。

除官方版本外，还有一些基于 Python 的替代实现，如 Jython(Python 运行在 Java 虚拟机上)、IronPython(Python 运行在.NET 平台上)和 PyPy(Python 的 Just-In-Time 编译实现)，它们在特定的场景下具有一些优势和特色。

总结起来，Python 的版本演化表明了 Python 社区的不断发展和改进，以提供更好的编程体验和功能。对于新的项目，本书推荐使用最新的 Python 3.x 系列版本。对于已有的项目，可以考虑迁移到 Python 3.x 系列，并根据需求选择合适的 Python 版本。

## 1.1.3　Python 语言的特点

Python 作为一种解释型、面向对象的高级编程语言，相比其他语言会有许多优点和一些限制。以下是对 Python 语言的优缺点的详细解释。

### 1. Python 语言的优点

(1) 简洁易读：Python 具有简洁、清晰的语法，使用缩进来表示代码块，使代码易于阅读和理解。这使初学者能够更快地上手，并且提高了代码的可读性和可维护性。

(2) 大量的库和生态系统：Python 拥有广泛且活跃的库和生态系统。这些库涵盖了多个领域，包括网络编程、数据分析、机器学习、Web 开发等，使开发人员能够快速构建应用程序，并且能够借助已有的解决方案和工具提高开发效率。

(3) 跨平台性：Python 可以在多个操作系统上运行，包括 Windows、macOS 和各种 Linux 发行版。这使开发人员可以在不同的平台上开发和部署他们的应用程序，提供了更大的灵活性和可移植性。

(4) 动态类型和自动内存管理：Python 是一种动态类型语言，不需要开发人员在编写代码时指定变量类型，使开发工作变得更加灵活。此外，Python 还具有自动内存管理机制，开发人员无须手动进行内存分配和释放，降低了内存管理的复杂性。

(5) 强大的科学计算和数据分析支持：Python 拥有丰富的科学计算和数据分析库，如 NumPy、Pandas 和 Matplotlib 等。这使得 Python 成为进行数据处理、可视化和机器学习等操作的首选语言。

(6) 社区支持和活跃度：Python 拥有庞大且活跃的社区，开发人员可以获得来自社区的支持、解决方案和学习资源。Python 社区提供了各种教程、文档和开源项目，使开发人员能够更好地学习和分享经验。

### 2. Python 语言的缺点

(1) 运行速度相对较慢：与一些编译型语言相比，Python 在执行速度上相对较慢。这是因为 Python 是解释型语言，需要在运行时解释代码，而不是提前编译成机器代码。尽管如此，Python 提供了一些工具和方法来优化性能。

(2) 全局解释器锁(GIL)：Python 的标准解释器(CPython)使用 GIL，这限制了在多线程场景中的并行执行能力。由于 GIL 的存在，Python 的多线程并不能实现真正的并行，而只是通过线程之间的切换来模拟并发。这对于某些 CPU 密集型任务来说可能会造成性能瓶颈。

(3) 资源消耗较高：相比一些低级语言，如 C 或 C++，Python 在处理大规模数据和高并发请求时可能消耗较多的系统资源，由于 Python 的动态类型和自动内存管理机制会带来一些开销，故资源消耗较高。

(4) 移动端开发限制：尽管 Python 有一些用于移动应用程序开发的框架(如 Kivy、PyQt 等)，但与一些原生移动开发语言(如 Java 和 Swift)相比，Python 在移动端开发方面的生态系统相对较小，并且性能和访问原生 API 的能力有限。

总体而言，Python 是一种功能强大且易于学习的编程语言，适用于各种应用场景。然而，开发人员在选择 Python 时，应该考虑其性能和资源消耗的限制，并选择适当的优化方法。

### 1.1.4 解释型语言和编译型语言的区别

前文已经提到，Python 之所以运行速度慢，是因为 Python 属于解释型语言。那么什么是解释型语言呢？在介绍解释型语言之前，首先介绍计算机编程中的语言。

在计算机编程中，存在多种不同类型的编程语言。以下是常见的几种类型。

#### 1. 机器语言

机器语言是计算机能够直接理解和执行的二进制代码，它使用二进制位表示指令和数据，并且对于不同的计算机体系结构和处理器，机器语言是特定的。机器语言是最低级别的编程语言，直接操作硬件。

#### 2. 汇编语言

汇编语言使用助记符和符号来代表机器语言指令。它通过将汇编指令转换为对应的机器语言指令来与计算机硬件进行交互。每个汇编语言指令对应一条机器语言指令。

#### 3. 高级编程语言

高级编程语言是相对于机器语言和汇编语言而言的。它使用更接近自然语言的语法和结构，以方便程序员编写和理解代码。高级编程语言提供了丰富的语法和功能，可以通过编译器或解释器将源代码转换为机器语言或直接执行。

常见的高级编程语言如下。

(1) C：一种通用的编程语言，具有高性能和底层硬件访问能力。

(2) C++：在 C 语言基础上扩展的编程语言，支持面向对象编程。

(3) Java：一种跨平台的编程语言，使用 Java 虚拟机(JVM)来执行字节码。

(4) Python：一种简洁、易读易写的高级编程语言，注重代码可读性和开发效率。

(5) Ruby：一种优雅、简洁的动态编程语言，强调简单性和开发人员的幸福感。

这只是列举了一些常见的编程语言，实际上还有许多其他编程语言可供选择，每种语言都有其特定的用途和优势。

从上述可知 Python 是高级编程语言，而高级编程语言可以通过编译器或解释器将源代码转换为机器语言直接执行。此时，就需要先了解什么是编译型语言和解释型语言。

#### 4. 编译型语言

编译型语言是指在代码执行之前需要经过一个称为编译器的特殊程序的处理。编译器将源代码作为输入，对其进行编译和转换，生成与目标计算机体系结构兼容的机器语言代码，也称为目标代码或二进制代码。这个目标代码可以直接在计算机上执行，而不需要再次进行翻译或解释。

(1) 编译：源代码在执行之前需要经过一次编译过程，将其转换为机器码。

(2) 执行效率：由于编译型语言在执行之前已经完成了编译过程，因此通常具有较高的执行效率。

(3) 依赖机器体系结构：生成的目标代码是与特定计算机体系结构相关的，所以在不同的计算机上需要重新编译生成对应的目标代码。

常见的编译型语言有 C、C++、Rust、Go 等。

### 5. 解释型语言

解释型语言是指不需要显式的编译过程，而是逐行解释和执行源代码。在执行过程中，解释器会逐行读取源代码，并根据其语法规则进行解释和执行。解释型语言通常在运行时动态地解释源代码，而不会生成可执行的目标代码。

(1) 解释：源代码逐行解释执行，不需要进行编译。

(2) 执行效率：相比编译型语言，解释型语言通常具有较低的执行效率，这是因为它们需要在每次执行时解释代码。

(3) 平台无关性：解释型语言的源代码可以在不同的平台上直接执行，因为解释器在每次执行时会动态解释代码。

常见的解释型语言有 Python、JavaScript、Ruby、PHP 等。

需要注意的是，现代的编程语言往往不是纯粹的解释型语言或编译型语言，而是结合了两种方式的特点的语言。例如，Java 是一种编译型语言，但它也使用了一个称为 Java 虚拟机的解释器来执行字节码。这种混合的方式称为即时编译(Just-in-Time Compilation, JIT)。

### 6. 编译型语言和解释型语言的区别

编译型语言和解释型语言是两种不同的编程语言，它们在代码的执行方式和执行过程方面存在区别，如图 1-1 所示。

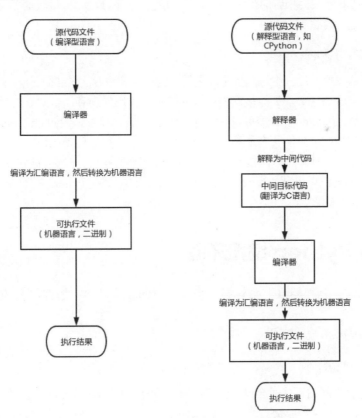

图 1-1　编译型语言和解释型语言的区别

### 1.1.5 Python 程序的执行原理

前文介绍了解释型语言和编译型语言，接下来根据解释型语言的特性介绍 Python 程序执行的原理。

Python 程序执行的原理可以概括为以下几个步骤。

#### 1. 解析源代码

Python 解释器首先对源代码进行解析。这个过程涉及将源代码分解为语法结构，即识别和理解其中的语句、表达式和标识符等。

#### 2. 编译字节码

解析源代码后，Python 解释器将其转换为字节码。字节码是一种中间形式的低级指令集，类似于机器语言，但是与特定的计算机体系结构无关。字节码的编译过程将源代码翻译成一系列字节码指令，这些指令将在后续的执行阶段被逐条解释和执行。

#### 3. 解释执行

一旦字节码编译完成，Python 解释器开始逐条解释和执行字节码指令。解释器按照指令的顺序执行每个指令，将其转换为相应的操作，并更新变量、执行函数、控制流等。这个解释执行的过程是动态的，即在运行时进行。

#### 4. 运行时的环境和内存管理

Python 解释器在执行过程中还负责管理运行时的环境和内存。它维护变量、对象和函数的命名空间，并执行内存管理任务，如垃圾回收，以释放不再使用的内存。

需要注意的是，Python 解释器可以有不同的实现，如 CPython、Jython、IronPython 等，它们在具体实现细节和性能上可能会有所不同，但总体的程序执行原理是相似的。

此外，Python 也支持即时编译技术。一些 Python 解释器在运行时会将热点代码(频繁执行的部分)即时编译成机器码，以提高执行效率。这种混合的执行方式使 Python 在某些情况下可以获得接近编译型语言的执行速度。

## 1.2 安装 Python 编程环境

前文对 Python 有一个大概的介绍，接下来安装 Python 的编程环境，以下的安装以 Windows 10 操作系统为例。

搭建 Python 编程环境，需要完成以下步骤。

#### 1. 下载 Python 解释器

访问 Python 官方网站下载适合自己计算机操作系统的 Python 解释器。选择最新的稳定版本，并根据操作系统的要求进行安装。在此界面的操作为，将鼠标指针悬浮至"Downloads"选项上，弹出系统版本下拉列表，选择与自己计算机匹配的系统选项，然后单击右侧选项对应的版本，即可快速下载该版本解释器的安装包，如图 1-2 所示。

图 1-2　Python 官方网站解释器下载界面

## 2. 安装 Python 解释器

在官方网站下载完 Python 解释器后，双击打开该程序，打开 Python 解释器安装首页。在该界面中可以选择 Python 解释器的安装位置，如图 1-3 所示。选择"Install Now"选项，将 Python 解释器安装在系统默认的安装位置。也可以通过选择"Customize installation"选项进行自定义安装，注意在自定义安装时需要选择安装的文件位置。

图 1-3　Python 安装首页

(1)　"Use admin privileges when installing py.exe"复选框：安装 Python 时使用管理员权限，建议选中该复选框。

(2)　"Add python.exe to PATH"复选框：将 Python 添加至环境变量，建议选中该复选框。

选择 Python 附加选项后，选择"Install Now"或"Customize installation"选项，打开下一步的安装界面。

### 3. 安装 Python 附加功能

如图 1-4 所示，可以设置 Python 解释器的附加功能，根据自己的需求选择相应的附加功能。

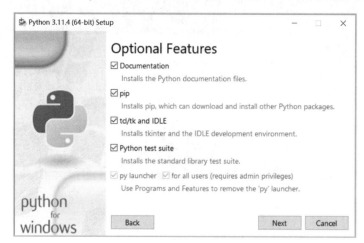

图 1-4　选择附加功能

(1) "Documentation" 复选框：安装 Python 文档文件(建议选中)。

(2) "pip" 复选框：安装 pip 功能，该功能可以下载并安装其他 Python 包(建议选中)。

(3) "tcl/tk and IDLE" 复选框：安装 tkinter 和 IDLE 开发环境(建议选中)。

(4) "Python test suite" 复选框：安装 Python 标准库测试套件(建议选中)。

(5) "py launcher" 复选框：安装 Python 运行解释器(建议选中)。

(6) "for all users (requires admin privileges)" 复选框：会为所有的用户安装 Python 解释器(建议选中)。

选择自己需要的功能后，单击 "Next" 按钮，打开高级选项界面。

### 4. 设置 Python 安装高级选项

如图 1-5 所示，在此界面设置 Python 安装的高级选项。

图 1-5　Python 安装高级选项

(1) "Install Python 3.11 for all users" 复选框：为所有用户安装 Python 3.11(推荐选中，根据下

载版本不同，出现的安装版本也不同)。

(2) "Associate files with Python (requires the 'py' launcher)"复选框：将文件与 Python 关联(需要"py"启动器，建议选中)。

(3) "Create shortcuts for installed applications"复选框：为已安装的应用程序创建快捷方式(建议选中)。

(4) "Add Python to environment variables"复选框：将 Python 添加到环境变量(建议选中)。

(5) "Precompile standard library"复选框：会预编译标准库(建议选中)。

(6) "Download debugging symbols"复选框：会下载调试符号。

(7) "Download debug binaries (requires VS 2017 or later)"复选框：下载调试二进制文件(需要 VS 2017 或更高版本)。

选择所需的高级选项后，接下来，可以在"Customize install location"文本框中设置安装位置，推荐单击其右侧的"Browse"按钮，在打开的对话框中选择安装的位置即可。最后单击"Install"按钮安装 Python 解释器。

### 5. 完成安装过程

等待安装 Python 解释器的进度条加载完成，如图 1-6 所示，当出现 Setup was successful 字样界面时，说明安装完成，此时单击"Close"按钮结束解释器的安装，如图 1-7 所示。

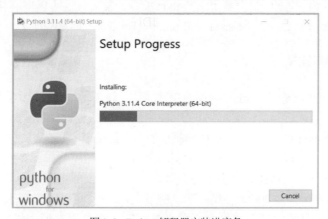

图 1-6　Python 解释器安装进度条

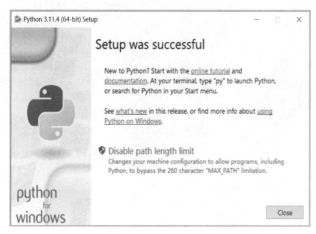

图 1-7　Python 解释器安装完成

### 6. 测试 Python 安装

打开命令行终端(在 Windows 上是命令提示符，在 macOS 和 Linux 上是终端)，输入以下命令来检查 Python 是否成功安装并显示版本信息。

```
C: python --version
Python 3.11.4      #显示正确的版本信息
```

如果你安装了多个 Python 版本，可能需要使用特定的命令来指定要使用的版本。例如，在某些系统中，可能需要使用以下命令来检查 Python 3 的版本：

```
xxx: python3 --version
Python 3.11.4      #显示正确的版本信息
```

如果能够正确显示 Python 的版本信息，则表示 Python 环境已成功搭建。

现在，你已经成功搭建了 Python 编程环境，接下来快速体验一下 Python 程序吧！

## 1.3 Python 开发工具介绍

在 Python 开发过程中，使用一个好的开发工具可以大大提高编程开发的效率、简化任务，并为开发者提供更好的编码体验。目前常用的 Python 编程开发工具包括 Python 解释器自带的 IDLE、集成开发环境 Eclipse、PyCharm、Vscode、IPython、Eric5、PythonWin 等。

### 1.3.1 IDLE 的使用方法

Python 自带的 IDLE 是指 Python 的集成开发环境，是 Python 语言官方提供的一个简易开发环境。

IDLE 是基于 Python 内置的 Tkinter 模块制作的。它提供了一个交互式的 Shell(解释器)和一个简单的代码编辑器。它可以让你在一个窗口中输入和执行 Python 代码，并提供了基本的代码编辑功能，如语法高亮显示、代码缩进和自动补全等。

IDLE 特别适合初级开发者学习使用。通过使用 IDLE，你可以快速编写、测试和调试 Python 代码。然而，对于更复杂的项目或专业开发人员，会选择使用其他高级的集成开发环境，如 PyCharm、Visual Studio Code 等，这些工具提供了更高级的调试和项目管理功能。

下面是详细的操作过程。

### 1. 启动 IDLE

在 Windows 操作系统中，通过"开始"菜单找到安装的 Python 版本文件夹，打开后找到 IDLE 的程序并双击启动，如图 1-8 所示。

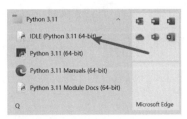

图 1-8　IDLE 程序

## 2. IDLE 的 Shell 界面

启动后，首先出现的是 IDLE 的 Shell 界面，也就是运行界面。该运行界面如图 1-9 所示，界面中的菜单栏含义如下。

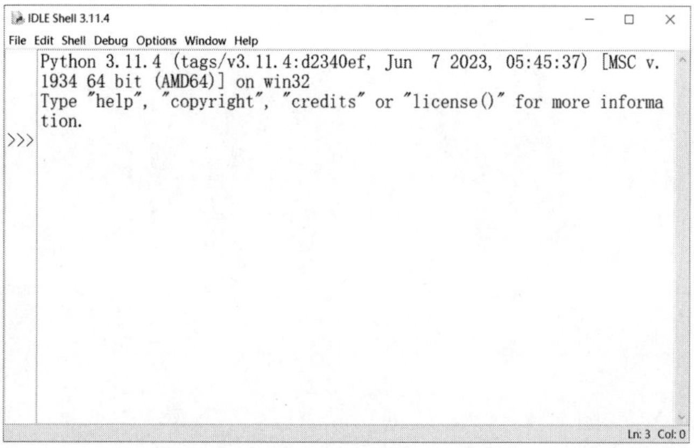

图 1-9　IDLE 的 Shell 界面

(1) File(文件)：创建文件、打开文件和保存文件等。

(2) Edit(编辑)：复制、粘贴程序内部的编码，查找字符等。

(3) Shell(命令解析器)：对 Shell 界面的控制。

(4) Debug(调试)：调试代码。

(5) Options(选项)：用于控制 IDLE 的窗口布局和显示选项。

(6) Window(窗口)：模式切换，可以在此处实现 Edit 模式和 Shell 模式来回切换。

(7) Help(帮助)：IDLE 的帮助菜单，可以在此寻找所需的功能并进行疑难解惑。

## 3. 创建文件

创建文件时，可以选择 IDLE 菜单栏中的 "File" → "New File" 选项来新建，然后就可以在该文件中编写程序了，如图 1-10 所示。

图 1-10　创建文件

### 4. 编写 Python 程序

创建成功后，出现如图 1-11 所示的编程界面，可以在该界面的编辑区编写 Python 程序。

图 1-11 IDLE 的编辑界面

该界面中的菜单栏与 Shell 界面中的菜单栏略微不同，其含义如下。

(1) File(文件)：包含文件相关的选项，如新建、打开、保存、退出等。

(2) Edit(编辑)：包含编辑相关的选项，如剪切、复制、粘贴、查找、替换等。

(3) Format(格式)：包含代码格式化相关的选项，如自动缩进、块缩进、行尾空格等。

(4) Run(运行)：包含运行代码的选项，如运行模块、运行自定义的 Python Shell、重新启动等。

(5) Options(选项)：包含 IDLE 环境的各种选项设置，如字体、颜色、缩进等。

(6) Windows(窗口)：用于管理 IDLE 环境中的窗口，如打开新的 Shell、关闭窗口等。

(7) Help(帮助)：提供有关 IDLE 的帮助和文档，包括 IDLE 快捷键、Python 文档等。

注意 >>> 根据不同版本的 IDLE 和操作系统，菜单栏的具体内容可能会有所不同，通常会包含上述功能选项。

### 5. 保存和运行程序

在 IDLE 编辑界面选择"Run"→"Run Module"选项，保存并运行程序，如图 1-12 所示。

图 1-12　IDLE 运行选项界面

在运行程序时，需要先将文件保存，然后运行，如图 1-13 所示。如果是新建文件，则需要先选择程序的存放位置，如图 1-14 所示，然后才可以运行。

图 1-13　保存文件界面

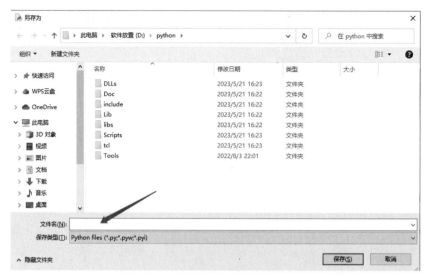

图 1-14　选择程序存放的位置

程序保存并运行后，就可以在 IDLE 的 Shell 界面中显示运行效果了，如图 1-15 所示。

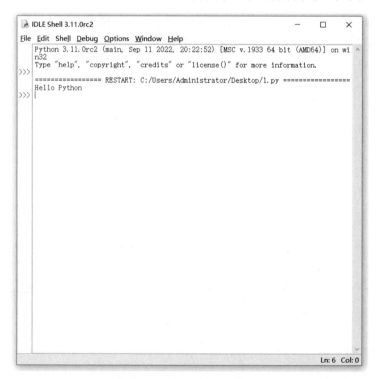

图 1-15　程序的运行效果

## 1.3.2　PyCharm 的安装与使用

在介绍了 Python 自带的 IDLE 后，下面来认识一款专业编写 Python 程序的软件——PyCharm。它是一种由 JetBrains 公司开发的集成开发环境(IDE)，专门用于 Python 编程语言。它提供了许多功能和工具，旨在提高开发人员的生产力和代码质量。

### 1. PyCharm 的特点和功能

(1) 代码编辑器：PyCharm 提供了一个强大的代码编辑器，具有自动完成、语法高亮、代码导航和代码重构等功能。它支持 Python 的各种版本，并具有智能代码补全功能，能够根据上下文提供准确的代码建议。

(2) 调试器：PyCharm 内置了强大的调试器，允许开发人员逐行执行代码并检查变量的值。它提供了断点、条件断点、表达式求值和堆栈跟踪等功能，帮助开发人员快速定位和修复错误。

(3) 代码版本控制：PyCharm 集成了流行的代码版本控制系统，如 Git、Mercurial 和 Subversion。它提供了一套工具，用于管理代码仓库、提交和更新代码、解决代码冲突，以及查看版本历史记录。

(4) 测试工具：PyCharm 支持各种测试框架，如 unittest、pytest 和 doctest。它提供了方便的测试运行器和测试报告，帮助开发人员编写和运行单元测试、集成测试和功能测试。

(5) 代码分析：PyCharm 具有强大的静态代码分析功能，可以检测潜在的错误、代码重复和不一致之处。它还提供了代码重构工具，可以自动重命名变量、提取方法和优化导入等。

(6) 虚拟环境支持：PyCharm 可以轻松管理 Python 的虚拟环境。它允许创建、配置和切换虚拟环境，以便在不同项目之间隔离和管理依赖关系。

(7) 插件生态系统：PyCharm 具有丰富的插件生态系统，允许开发人员根据自己的需求扩展和定制 IDE 的功能。用户可以安装各种插件，如代码检查工具、自动化工具和主题等。

### 2. PyCharm 的下载

在安装 PyCharm 之前，先打开 PyCharm 的官方网址。单击网页中间的"Download"按钮，进入下载界面，如图 1-16 所示。

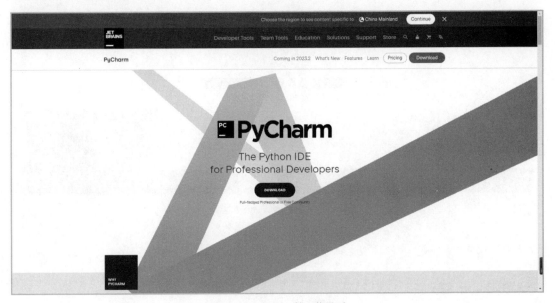

图 1-16　PyCharm 的下载界面

在 PyCharm 的下载界面中，官方提供了两个版本，分别是专业版(Professional)和社区版(Community)。它们在功能和许可证方面有一些区别，以下是它们之间的主要区别。

(1) 功能：PyCharm 专业版具有比社区版更多的功能和工具。专业版包含了一些高级特性，如数据库工具、远程开发、科学计算、Web 开发和框架支持等。它还提供了更多的插件和集成支持，能够满足更广泛的开发需求。

（2）支持的框架：PyCharm 专业版给许多流行的 Python 框架提供了更好的支持，如 Django、Flask、Pyramid、web2py 等。它提供了更多的模板和代码片段，简化了框架开发的流程。

（3）数据库工具：专业版集成了各种数据库工具，如 SQLAlchemy、SQL 和数据库导航器等。这些工具使其与数据库的交互更加方便，可以直接在 IDE 中执行和调试 SQL 查询。

（4）远程开发：专业版支持远程开发，可以与远程服务器进行连接，并在远程环境中进行代码编辑、调试和测试。这对于开发和调试位于远程服务器上的应用程序非常有用。

（5）科学计算支持：专业版提供了一些用于科学计算和数据分析的高级工具和集成，如 NumPy、Pandas 和 Matplotlib。这些工具使在 PyCharm 中进行数据处理和可视化更加方便。

（6）许可证：社区版可以免费使用，适用于个人项目。而专业版是商业软件，使用时需要购买许可证。

综上所述，专业版相对于社区版具有更多的高级功能和工具，适用于专业开发人员和团队。社区版则适合个人开发者或小型项目，提供了基本的 Python 开发功能。可以根据自己的需求和预算选择适合的版本。

对于 Python 的初学者，本书推荐下载社区版。单击社区版的"Download"按钮进行下载，如图 1-17 所示。

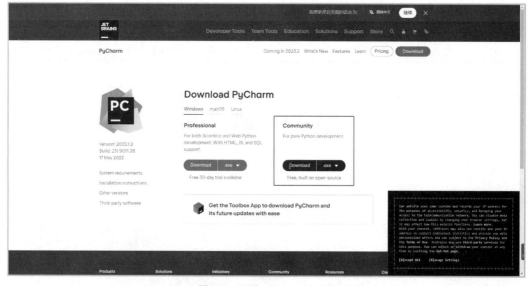

图 1-17　下载 PyCharm 社区版

**注意 »»** PyCharm 下载界面会自动下载对应计算机操作系统的安装包。

### 3. PyCharm 的安装

下载好安装包后，接下来就需要安装程序了。在对应下载文件夹中找到安装包，双击运行该安装包。

（1）打开"PyCharm Community Edition Setup"窗口，首先出现 PyCharm 的欢迎安装界面等，如图 1-18 所示，直接单击"Next"按钮。

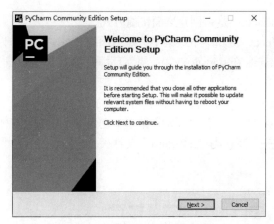

图 1-18　PyCharm 的安装欢迎界面

(2) 选择安装目录的位置。在打开的如图 1-19 所示的界面中，选择 PyCharm 的安装位置，单击"Browser"按钮，在打开的对话框中选择安装的位置即可。选择完成后，单击"Next"按钮。

图 1-19　选择安装目录的位置

(3) 选择 PyCharm 内置的配置功能。在打开的如图 1-20 所示的 PyCharm 安装界面中，进行相应的设置，相关选项的含义如下。

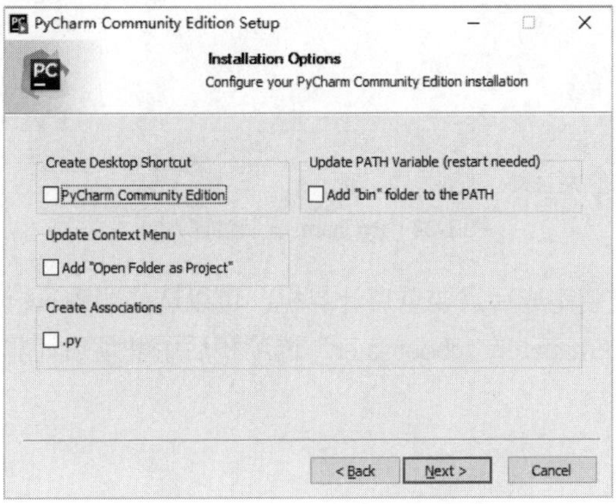

图 1-20　PyCharm 安装设置

- Create Desktop Shortcut：是否创建桌面快捷方式。
- Update Context Menu：更新上下级菜单。是否添加"将文件夹作为项目打开"等功能。
- Update PATH Variable (restart needed)：更新环境变量(需要重启)。是否将"bin"文件夹添加到环境变量中。
- Create Associations：是否与文件格式为".py"的文件创建关联。

(4) 创建"开始"菜单文件夹。在"开始"菜单中创建以下列选项名称命名的文件夹，也可以输入名称来创建新的文件夹，默认为"JetBrains"文件夹。选择后，单击"Install"按钮进行安装，如图 1-21 所示。

图 1-21　创建 PyCharm 的"开始"菜单文件夹

(5) 等待安装过程，如图 1-22 所示。

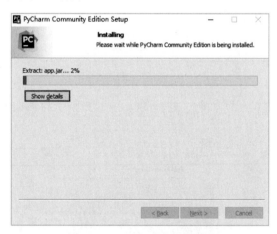

图 1-22　PyCharm 安装过程界面

(6) PyCharm 社区版安装完成后需要重启计算机，可以选择"Reboot now"选项立刻重启计算机，也可以选择"I want to manually reboot later"选项稍后手动重启计算机，根据个人需求进行选择，如图 1-23 所示。

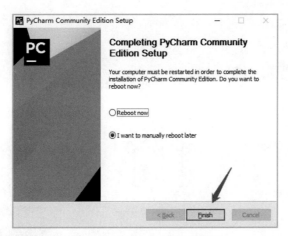

图 1-23　PyCharm 安装完成界面

### 4. PyCharm 的使用

完成安装后，下面学习社区版 PyCharm 软件的使用方式，使用步骤如下。

(1) 安装后，打开"PyCharm User Agreement"对话框，选中"I confirm that I have read and accept the terms of this User Agreement"复选框，表示同意该用户协议条款，然后单击"Continue"按钮，如图 1-24 所示。

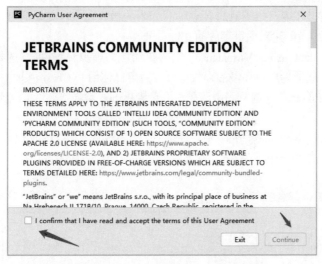

图 1-24　"PyCharm User Agreement"对话框

(2) 创建 Python 项目目录。在打开的如图 1-25 所示的界面中，可以创建 Python 程序项目，也可以打开一个 Python 程序项目，单击"+"号图标或选择"New Project"选项，创建一个新的 Python 项目。

(3) 新建 Python 项目配置。在 PyCharm 中，创建新项目时可以选择真实环境或虚拟环境。

真实环境指的是在你的计算机上全局安装的 Python 解释器。当选择真实环境时，PyCharm 将使用计算机上的全局 Python 解释器来运行和开发项目。这意味着你使用的是系统中已经安装的 Python 版本和库。

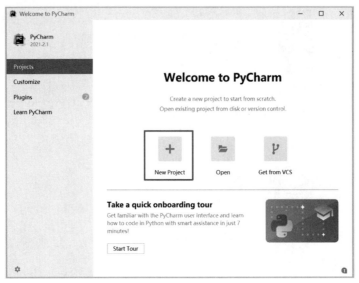

图 1-25　创建新项目

虚拟环境是一个独立的 Python 运行环境,它与全局环境隔离开来。使用虚拟环境可以为每个项目创建独立的 Python 环境,并可以安装特定版本的 Python 和所需的库。这对于不同项目使用不同 Python 版本或库的情况非常有用,同时也有助于避免项目之间的冲突。

在此推荐使用虚拟环境。如图 1-26 所示,界面中的相关选项含义如下。

- Location(位置):创建新项目存放的文件目录。
- New environment using Virtualenv:使用新环境为虚拟环境(推荐选择此选项),下方的 "Location" 选项为虚拟环境的存放位置,也可以使用 PyCharm 提供的默认位置。
- 在 "Base interpreter" 下拉列表中选择本机安装 Python 解释器,也可以使用 PyCharm 提供的默认解释器。
- Create a main.py welcome script:是否提供一个 "main.py" 的欢迎脚本(推荐选中该复选框)。

设置完成后,单击 "Create" 按钮,就可以创建并应用相应环境了。

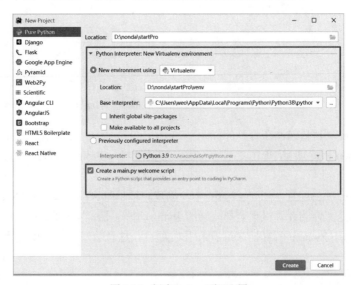

图 1-26　新建 Python 项目配置

(4) 认识 PyCharm 编辑界面。创建 Python 项目后，打开 PyCharm 的编辑界面，分为 3 个功能区域，即项目文件结构区、菜单功能区、代码编辑区，如图 1-27 所示。

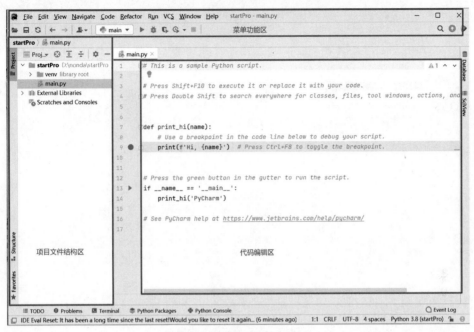

图 1-27　PyCharm 编辑界面

(5) 新建 Python 文件。选中左侧文件目录栏中的项目文件夹，右击，在弹出的快捷菜单中选择"New"→"Python File"选项新建 Python 文件，如图 1-28 所示。

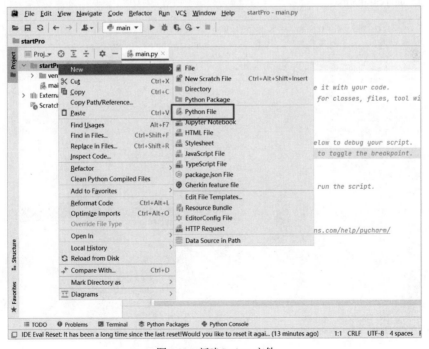

图 1-28　新建 Python 文件

（6）创建第一个 Python 程序。在右侧代码编辑区中编辑"print("Hello world")"的程序。"print("Hello world")"程序的含义为在控制栏输出"Hello world"，如图 1-29 所示。

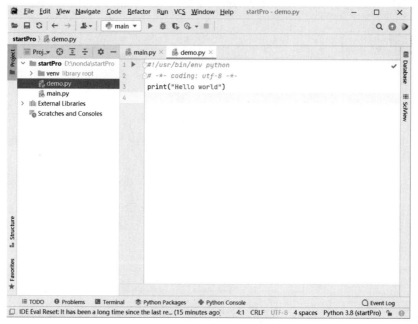

图 1-29　编写 Python 程序

（7）运行 Python 程序。在代码编辑区的空白处右击，弹出该程序的功能选项快捷菜单，运行程序时需要选择"Run 'demo'"选项，如图 1-30 所示。其中，demo 为 Python 的程序名称，创建的文件名称不同，显示也不同。

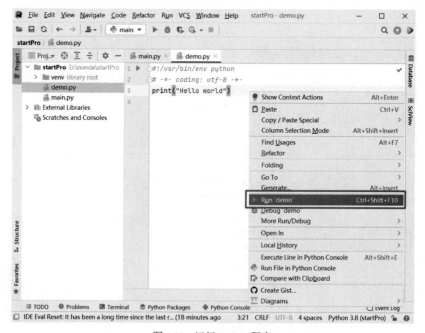

图 1-30　运行 Python 程序

(8) 查看运行结果。运行程序后，程序下方会出现运行结果窗口，即可查看运行结果，如图 1-31 所示。

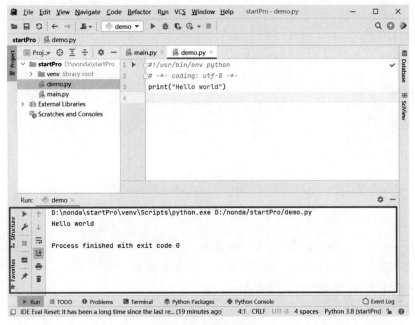

图 1-31　查看运行结果

# 1.4　绘制菱形图案

前面介绍了 Python 内置的 IDLE 和专业级 PyCharm 开发工具的安装和使用，接下来使用相应的工具绘制菱形图案，如图 1-32 所示。

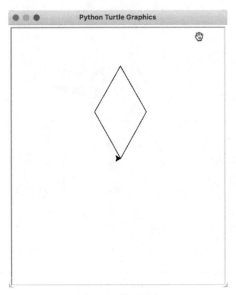

图 1-32　菱形图案

示例代码如下。

```
import turtle
#创建一个画笔对象
my_pen = turtle.Pen()
#绘制菱形
my_pen.left(60)              #向左旋转 60°
my_pen.forward(100)          #向前移动 100 个单位
my_pen.left(60)              #向左旋转 60°
my_pen.forward(100)          #向前移动 100 个单位
my_pen.left(120)             #向左旋转 120°
my_pen.forward(100)          #向前移动 100 个单位
my_pen.left(60)              #向左旋转 60°
my_pen.forward(100)          #向前移动 100 个单位
my_pen.left(60)              #向左旋转 60°
#关闭绘图窗口
turtle.done()
```

上述代码使用 turtle.Pen()创建了一个 Pen 对象，并命名为 my_pen。接下来，交替使用向左旋转和向前移动的方法，绘制 4 条长度相等的边，并设置边与边之间的夹角，它们组合在一起形成一个菱形。最后，使用 turtle.done()来关闭绘图窗口。

# 1.5　绘制雪人图案

在绘制菱形后，接下来绘制卡通图案——雪人，如图 1-33 所示。

图 1-33　雪人图案

示例代码如下。

```python
#导入turtle模块并重命名为t
import turtle as t
#初始化画笔
t.speed(0)                    #设置画笔的速度为最快
t.pensize(5)                  #设置画笔的宽度为5像素

#绘制雪人的头和身体
t.circle(50)                  #绘制雪人的头部，半径为50
t.circle(-100)                #绘制雪人的身体，半径为-100，表示向相反方向绘制圆形

#绘制雪人的纽扣
for i in range(4):
    t.right(90)               #右转90°，调整画笔方向
    t.pu()                    #抬起画笔
    t.fd(40)                  #向前移动40像素
    t.pd()                    #放下画笔
    t.left(90)                #左转90°，调整画笔方向
    t.begin_fill()            #开始填充形状
    t.circle(-10)             #绘制纽扣，半径为-10，表示向相反方向绘制圆形
t.end_fill()                  #结束填充形状

#绘制雪人的眼睛
t.pu()                        #抬起画笔
t.goto(20,70)                 #将画笔移动到指定坐标位置
t.pd()                        #放下画笔
t.dot(10,"black")             #绘制一个直径为10像素的黑色点，表示眼睛

#绘制雪人的鼻子
t.pu()                        #抬起画笔
t.goto(40,60)                 #将画笔移动到指定坐标位置
t.pd()                        #放下画笔
t.fillcolor("orange")         #设置填充的颜色为橙色
t.begin_fill()                #开始填充形状
t.left(180)                   #左转180°，调整画笔的方向
t.circle(10,180)              #绘制半径为10的半圆
t.left(15)                    #左转15°，调整画笔的方向
t.fd(80)                      #向前移动80像素
t.goto(40,60)                 #回到起始点
t.end_fill()                  #结束填充形状

#绘制雪人的手
t.pu()                        #抬起画笔
t.goto(-35,-35)               #将画笔移动到指定坐标位置
t.setheading(225)             #设置画笔的方向为225°，即左下方
t.pd()                        #放下画笔
t.fd(130)                     #向前移动130像素
t.right(30)                   #右转30°，调整画笔的方向
for i in range(3):
    t.fd(20)                  #向前移动20像素
```

```
        t.bk(20)                          #向后移动20像素
        t.left(30)                        #左转30°，调整画笔的方向
    t.hideturtle()                        #隐藏画笔
    t.done()                              #完成绘制
```

运行上述程序，即可绘制雪人图案。

# 本章小结

本章介绍了 Python 语言的发展历史，以及语言的优缺点、Python 环境的搭建、IDE 开发工具的安装使用等。然后使用两个案例来快速体验 Python 语言的魅力。

(1) Python 是一种简洁优雅、易读易学的解释型编程语言，拥有强大的标准库和广泛的应用领域，如 Web 开发、数据科学、人工智能、自动化测试、游戏开发、系统管理等领域。

(2) Python 是一种高级编程语言，由于其简洁易读的语法和强大的库支持，已经成为当前较受欢迎的编程语言之一，Python 有两个主要版本系列，推荐使用 Python 3.x。

(3) PyCharm 作为一款功能丰富、集成开发环境完整、开箱即用、社区支持强大的 Python 开发工具，可以帮助开发者更高效地编写和调试 Python 代码。PyCharm 适合专业开发人员使用，有以下优点。

① 功能丰富：PyCharm 提供了许多强大的功能，如代码自动补全、代码错误提示、智能代码重构、版本控制、调试等，可帮助开发者更高效地编写和调试 Python 代码。

② 多语言支持：PyCharm 不仅支持 Python，还支持其他很多种语言，如 JavaScript、HTML、CSS 等，可以为开发者提供一个统一的开发环境。

③ 集成开发环境：PyCharm 是一款完整的集成开发环境，它包含了多种工具和功能，并可以通过插件进行扩展。同时，PyCharm 还提供了自动化部署、远程调试等功能，为开发者提供了全面的开发和调试环境。

④ 开箱即用：PyCharm 安装后就可以直接使用，无须进行额外的配置。同时，PyCharm 可以与其他工具和框架无缝衔接，如 Django、Flask 等，方便开发者快速构建 Web 应用。

# 思考与练习

## 一、选择题

1. Python 的发展史中，(    )是 Python 的创始人。
   A. Larry Page                    B. Bill Gates
   C. Mark Zuckerberg               D. Guido van Rossum
2. Python 的两个主要版本系列是(     )。
   A. 1.x 和 2.x                    B. 2.x 和 3.x
   C. 3.x 和 4.x                    D. 4.x 和 5.x
3. Python 语言的特点之一是(     )。
   A. 静态类型        B. 复杂烦琐        C. 面向过程        D. 简洁易读

4. 下列准确描述了解释型语言的是(　　)。

    A. 源代码需要事先编译为机器码

    B. 源代码在运行时逐行解释执行

    C. 运行速度较快

    D. 不支持面向对象编程

5. IDLE 是(　　)。

    A. Python 的主要集成开发环境　　B. 一种编译器

    C. 一种数据库管理系统　　　　　　D. Python 的虚拟环境管理工具

## 二、填空题

1. Python 2.x 系列在 2020 年停止了_____。

2. Python 是一种_____语言，无须显式声明变量类型。

3. PyCharm 提供了更多高级特性，如代码_____、调试器、版本控制等。

4. 解释型语言的代码在运行时逐行_____并执行。

5. IDLE 是 Python 官方提供的轻量级集成_____环境。

## 三、简答题

1. 请简要描述 Python 的发展历史。

2. 请简要描述解释型语言和编译型语言的区别。

3. 请简要说明 Python 语言的特点。

4. 什么是 IDLE 和 PyCharm？

5. 请简要说明 Python 的两个主要版本系列的区别。

读书笔记

# Python 语言基础   第**2**章

本章介绍 Python 语言的基础知识，包含 Python 语言的基本元素、语法结构、变量与数据类型、运算符，以及数据类型转换等知识点。学习完本章的内容后，读者可掌握 Python 的基本语法，理解数据类型的转换方式和运算符表达式的应用。

## 学习目标

➢ 掌握变量的概念和命名规则
➢ 掌握注释的使用方法
➢ 掌握数字和字符串等基础数据类型
➢ 了解数据显式和隐式的转换
➢ 掌握 Python 中的常用运算符

## 2.1  Python 语言的基本元素

在 Python 中，我们使用标识符给常量和变量命名，标识符是指用来识别数据的名称。本节主要介绍了标识符、关键字和变量的概念，以及它们在 Python 中的应用。

### 2.1.1  标识符

标识符用于在程序中标注某一元素的名称，也就是给对象、变量、函数和类等元素设置名称。但是使用标识符设置名称时，需要符合 Python 的规定。

#### 1. 标识符的命名规则

标识符需要遵守以下命名规则。

(1) 在 Python 中，命名时需要注意大小写。Python 是对字母大小写敏感的语言，大写字母和小写字母是两种不同的字符。

(2) 标识符必须由字母(A~Z 和 a~z)、下画线和数字组成，不能以数字开头。

(3) 标识符不能与 Python 内置的关键字相同。

(4) 在 Python 的标识符中不能使用空格、@、%和$等特殊字符。

(5) 设定标识符时，尽可能使用与对象含义相同或相近的单词。例如，设定表达年龄的变量时，可以设置名称为 age。

(6) 在 Python 语言中，以下画线开头的标识符是有特殊含义的。例如，_width 表示类的私有属性，不可以被导入等。

### 2. 推荐使用的命名法

在遵守上述规则的同时，推荐使用驼峰命名法和下画线命名法。

(1) 大驼峰命名法(帕斯卡命名法)：在使用标识符命名时，每个单词的首字母都使用大写，如 StudentName。

(2) 小驼峰命名法(camel 方法)：相比大驼峰命名法，小驼峰命名法的第 1 个单词的首字母使用小写，后续每个单词的首字母使用大写，如 studentName。

(3) 下画线命名法：在每个单词之间设置一个下画线且每个字母均为小写，如 student_name。

## 2.1.2　关键字

关键字又称保留字，是 Python 语言中已经被设定为具有特殊含义的标识符。

Python 中包含以下关键字：'False'、'None'、'True'、'__peg_parser__'、'and'、'as'、'assert'、'async'、'await'、'break'、'class'、'continue'、'def'、'del'、'elif'、'else'、'except'、'finally'、'for'、'from'、'global'、'if'、'import'、'in'、'is'、'lambda'、'nonlocal'、'not'、'or'、'pass'、'raise'、'return'、'try'、'while'、'with'和'yield'

**注意》》》**　对 Python 中的变量、函数、对象和类进行命名时，不可以使用关键字。

## 2.1.3　变量

### 1. Python 中的变量

变量来源于数学，类似于数学中的 x、y 值，用来表达未知数。在计算机中，变量是可以存储计算结果或表示值的抽象概念。简单来讲，表示变化的量即为变量。

在 Python 中，只有对变量进行赋值时，才会创建该变量。

### 2. 变量名

变量名用于标识和引用存储在内存中的标签数据。在对变量进行命名时，要符合标识符命名规则，推荐使用驼峰法进行命名。

**注意》》》**　在同一个作用域中，不可以对多个变量使用相同的名称命名。

**3. 赋值**

赋值为定义和创建变量的过程。只有对变量进行赋值后，该变量才有实际的存储意义。赋值后的变量，Python 解释器会对该变量分配大小一致的内存空间。

等号 "=" 用来给变量赋值。等号左边是变量名，等号右边可以是常量数值、用户输入的值、表达式，也可以是函数返回的值。单变量赋值的语法格式如下。

```
变量名 = 值
```

Python 不仅支持单变量赋值，而且支持多个变量赋值。多个变量赋值的语法格式如下。

```
变量名1,变量名2 = 值1,值2
name,age = "小明",22    #给 name 赋值为 "小明"，给 age 赋值为 22
```

## 2.1.4　Python 中的输入与输出

在程序的开发过程中，经常需要输入或输出数据，接下来介绍 Python 中的输入和输出。

**1. Python 中的输入**

在 Python 中，使用 input()函数可以接收用户通过键盘输入的内容。使用 input()函数时，默认输入的内容为字符串类型(Python 中的一种常见的数据类型)。

input()函数的语法格式如下。

```
变量名 = input(显示内容)
```

显示内容：使用 input()函数时，会在控制栏中显示该文本内容，一般显示内容为引导性句子，如 "请输入学生的姓名:"。

```
name = input("请输入学生的姓名:") #name 是变量名
```

**2. Python 中的输出**

在 Python 中，print()函数是程序中最常见的，也是最基本的函数，它的作用是将信息输出到控制台，即在控制台窗口显示输出信息。下面介绍 print()函数的 2 种基本用法。

(1) 直接输出字符串。

print()函数可以直接输出字符串，如在程序中直接输出字符串 "Hello World"。

```
print("Hello World ")
Hello World       #输出结果

print('Python 是真的好')
Python 是真的好       #输出结果
```

(2) 通过设置变量来输出字符串。

上述代码直接输出由单引号或双引号引起来的字符串。print()函数也可以接收并输出字符串变量。示例代码如下。

```
words = "Hello World"              #定义字符串变量
print(words)                       #输出
```

```
Hello World                              #输出结果

name = input("请输入您的姓名: ")        #定义字符串变量，此处输入的数据是"小明"
print("您好, " + name)                    #输出
您好, 小明                                #输出结果
```

此外，print()函数还有更多的参数和其他的用法，在后续章节中将逐一介绍。

### 2.1.5　Python 中的注释

在 Python 中，注释是指在代码中添加的文本，这些文本在程序执行时会被忽略，不会被解释器执行。注释可以用来解释代码的目的、功能、用法、约束条件等信息，使代码更易于理解、维护和修改。

Python 中有两种类型的注释：单行注释和多行注释。

单行注释使用"#"号表示，可以在一行代码的末尾写入或单独作为一行来写入。示例代码如下。

```
#这是一行注释
print("Hello, World!")   #这是另一行注释
```

多行注释使用 3 个引号('''或""")包围，可以用来注释一个代码块。示例代码如下。

```
'''
这是多行注释的示例。
可以在这里写入多行注释，
来解释代码的功能、用法、约束条件等信息。
'''
print("Hello, World!")
```

**注意 ≫** 注释应该清晰、简洁、明了，可以提高代码的可读性和可维护性。然而过多的注释也会让代码变得杂乱无章，需要根据实际情况适当地使用注释。

## 2.2　Python 中的数据类型

在 Python 中，数据类型用于表示和操作不同类型的数据。就像一个公司有不同的部门来管理不同的工作职责一样，Python 中的数据类型可以帮助我们更好地管理内存、方便地操作数据，以及提高代码的可读性。

数字类型是最常见的数据类型之一。数字类型可以进一步分为整数类型(int)、浮点数类型(float)、复数类型(complex)及布尔类型(bool)。

每个数字类型都有其特定的内置方法和功能，以便我们对其进行常见的数学运算和逻辑操作。这些方法和功能就像是每个部门中的员工，执行各自的任务。

使用适当的数据类型是编写高效和可靠代码的重要组成部分。通过正确选择和使用数据类型，可以优化内存的使用、提高代码的效率并减少错误的可能性。因此，了解各数据类型的特点和用途非常重要。

## 2.2.1　整数类型和浮点数类型

### 1. 整数类型

在 Python 中，整数类型简称整型，使用 int 进行标识。整数类型用于存储没有小数部分的数字，包括正整数、零(0)和负整数。

Python 不需要添加任何特殊符号来表示整数，只需使用赋值操作符将整数值赋予变量即可。例如，设置变量名为 Age 的值为整数 18。

```
Age = 18
```

使用整数类型时，可以进行常见的数学运算，如加法、减法、乘法和除法等。此外，整数类型还支持一些内置函数和方法，如取模运算、幂运算及比较运算等。

### 2. 浮点数类型

在 Python 中，浮点数类型用于保存带有小数点的数值，类似于数学中的小数。它可以表示正、负或零的数值，如 1.23、3.14 等。

Python 中的浮点数类型可以使用十进制形式或科学记数法形式进行表示。

(1) 十进制形式。

在 Python 中，最常见的浮点型数就是十进制形式的浮点型数。Python 中的浮点型数，必须带一个小数点，不然会被当成整型处理。示例代码如下。

```
num1 = 3.14 #设定变量num1 为3.14
print(num1)
```

运行结果如下：

```
3.14
```

(2) 科学记数法形式。

浮点型的科学记数法的表现形式是使用 e 或 E 作为底数，底数 e 或 E 后面的数字表示的是 10 的 n 次方。示例代码如下。

```
#定义科学记数法表示的正浮点数类型
num2 = 123.456e2      #设定变量num2 为123.456e2
print(num2)
```

运行结果如下：

```
12345.6
#定义科学记数法标识的负浮点数类型
num3 = -987.654E2     #设定变量num3 为-987.654E2
print(num3)
```

运行结果如下：

```
-98765.4
```

## 2.2.2 复数类型

在 Python 中，复数类型用于表示具有实部和虚部的数值。复数在数学中表示为 a+bj 的形式，其中 a 是实部，b 是虚部，j 用于标识虚部。

在程序的开发过程中，我们可以使用 complex()函数来创建一个复数对象。该函数接收两个参数，分别是实部和虚部的值。虚部的值需要在数值后面添加 j 或 J 作为后缀进行标识，如 1+2j、3-4j 等。

复数对象可以进行加法、减法、乘法等基本算术运算，也可以进行常见的数学函数调用。

以下为使用复数类型的运算示例。

```
#创建复数对象
a = 3+4j
b = complex(2, 5)

#加法
c = a + b        #结果 c 为(5+9j)
#减法
d = a - b        #结果 d 为(1-1j)

#乘法
e = a * b        #结果 e 为(-14+23j)

#除法
f = a / b        #结果 f 为(0.896551724137931-0.24137931034482757j)
```

> **注意 >>>** Python 默认只支持复数的简单计算。

## 2.2.3 布尔类型

布尔类型是计算机中最基本的数据类型，它是计算机二进制世界的体现，一切都是 0 和 1。Python 中的布尔类型只有两种值：True 和 False(注意：首字母都是大写，与 C++、JavaScript 中的小写有所不同)，通俗地讲其实就是生活中对与错的问题。

布尔类型用于回答是非问题，那什么情况下是 True，什么情况下是 False 呢？Python 中的一个类型对象叫作 bool，bool 是 int 的子类，内置的 True 和 False 就是 bool 仅有的两个实例对象。

布尔类型也可以表示表达式的结果，如 3>5 为 False，1<3 为 True。

```
#输出 3 > 5 表达式的结果
print(3 > 5)
False    #返回 bool 类型的 False
#输出 1 < 2 表达式的结果
print(1 < 2)
True     #返回 bool 类型的 True
```

## 2.2.4　字符串类型

本节介绍最常用的数据类型——字符串类型。接下来学习一下如何创建字符串吧！

### 1. 创建字符串

在 Python 中，字符串为该语言的基础数据类型，也是最常见的数据类型。字符串(string)是由一串字符组成的序列，简称为 str。

字符串的创建方法有两种：创建单行字符串和创建多行字符串。

创建单行字符串的方法为，使用单引号(' ')或双引号(" ")将单行字符序列包含起来。

```
str1 = 'Hello Python'          #使用单引号创建字符串
str2 = "Hello Python"          #使用双引号创建字符串
```

创建多行字符串的方法为，使用三单引号(''' ''')或三双引号(""" """)将多行字符序列包含起来。

```
str1 = '''Hello\n
My Python'''                   #使用三单引号创建字符串
print(str1)
```

运行结果如下：

```
Hello
My Python
```

```
str2 = """Hello\n
My Python"""                   #使用三双引号创建字符串
print(str2)
```

运行结果如下：

```
Hello
My Python
```

字符串被称为不可变序列。这意味着一旦创建了一个字符串对象，它的内容就不能被修改。当对字符串进行操作并想要改变其值时，实际上会创建一个新的字符串对象，这也意味着每次修改字符串时，其内存地址会发生改变，并且不再是原来的字符串。

```
str1 = 'abcd'                  #创建变量 str1 值为"abcd"
print(id(str1))               #id方法用于输出变量 str1 的内存地址
```

运行结果如下：

```
4479977264                     #输出结果
```

```
str1 = str1 +'efg'             #修改变量 str1 的值
print(id(str1))               #再次输出变量 str1 的内存地址
```

运行结果如下：

```
4433225776
```

**注意 >>>** 内存地址会因系统的不同而改变。

### 2. 字符串的转义

转义字符是指使用一些特定的字符组合来代替具有特殊含义的字符。这些特殊字符在普通情况下可能无法直接表示，因此需要通过转义字符来表示。

通过转义字符，我们可以更灵活地表示一些特殊的字符或功能。例如，反斜杠( \ )通常用作转义字符的前缀，在其后面跟着特定的字符组合，以表示特殊的含义，如字符串中插入换行符 \n、制表符 \t，或者在需要时插入引号等特殊字符，而不会与字符串的结构发生冲突，从而使字符串表达更加灵活和丰富。常用的转义字符如表 2-1 所示。

表 2-1　常用的转义字符

| 符号 | 说明 |
| --- | --- |
| \(在行尾时) | 续行符 |
| \\ | 反斜杠符号 |
| \' | 单引号 |
| \" | 双引号 |
| \a | 响铃 |
| \b | 退格(Backspace) |
| \e | 转义 |
| \000 | 空 |
| \n | 换行 |
| \v | 纵向制表符 |
| \t | 横向制表符 |
| \r | 回车 |
| \f | 换页 |
| \oyy | 八进制数，y 代表 0~7 的字符，如\012 代表换行 |
| \xyy | 十六进制数，以\x 开头，yy 代表的字符，如\x0a 代表换行 |
| \other | 其他的字符以普通格式输出 |

【例 2-1】转义字符 "\" 的应用。

```
text = "姓名\t 年龄\t 城市\nJohn\t25\tNew York\nAlice\t32\tLondon"  #制表符示例
print(text)
```

运行结果如下：

```
姓名     年龄     城市
John    25      New York
Alice   32      London
```

```
text = "路径：C:\\Users\\binjie09"  #反斜杠示例
print(text)
```

运行结果如下：

```
路径: C:\Users\binjie09
```

```
text1 = "他说: \"你好吗? \""          #引号示例
print(text1)
```

运行结果如下：

```
他说: "你好吗? "
```

```
text2 = '我说: \'很好, 谢谢! \''       #单引号示例
print(text2)
```

运行结果如下：

```
我说: '很好, 谢谢! '
```

```
text3 = "张三喜欢\n 学习 Python"        #换行符示例
print(text3)
```

运行结果如下：

```
张三喜欢
学习 Python
```

### 3. 字符串编码

在 Python 中，字符串编码指的是将字符串转换为字节序列的过程。Python 中的字符串默认采用 Unicode 编码，这意味着字符串中的每个字符都可以表示为一个唯一的 Unicode 代码。然而，当需要将字符串存储到文件、发送网络数据或处理其他需要字节序列的情况时，就需要对字符串进行编码。

在 Python 中，常用的字符串编码方式有以下几种。

(1) ASCII 编码：ASCII 编码是一种基本的字符编码方式，用于表示 128 个基本的英文字母、数字和符号。在 Python 中，ASCII 编码是默认的编码方式。

(2) UTF-8 编码：UTF-8 是一种变长的 Unicode 编码方式，可以表示所有的 Unicode 字符。它使用 1～4 个字节来编码不同的字符，可以在保持兼容性的同时节省存储空间。

(3) GBK 编码：GBK 是汉字编码规范的一种，它是国家标准的一部分。GBK 编码是对汉字字符集进行编码的方式，能够表示大部分汉字字符。GBK 编码是双字节编码，其中包括两个部分，即一级汉字和二级汉字。一级汉字是指最常用的几千个汉字，使用两个字节进行编码；而二级汉字则使用两个字节的扩展区进行编码，可以表示更多的汉字字符。在 GBK 编码中，英文字母、数字和标点符号与 ASCII 编码保持兼容，使用一个字节表示，与 ASCII 编码中的对应字符编码相同。而对于汉字和其他特殊字符，则使用两个字节进行编码。

在 Python 中，可以使用 encode()方法将字符串编码为字节序列，使用 decode()方法将字节序列解码为字符串。

【例 2-2】字符串的编码和解码。

```
#将字符串编码为字节序列
s = "Hello, 世界"
encoded = s.encode("utf-8")
print(encoded)  #输出: b'Hello, \xe4\xb8\x96\xe7\x95\x8c'

#将字节序列解码为字符串
decoded = encoded.decode("utf-8")
print(decoded)  #输出: Hello, 世界
```

在例 2-2 中，字符串 s 使用 encode()方法将 UTF-8 编码为字节序列，结果为"b'Hello, \xe4\xb8\x96\xe7\x95\x8c'"。然后，使用 decode()方法将字节序列解码为字符串，结果为"Hello, 世界"。

**注意 》》》** 在编码和解码时，需要确保使用相同的编码方式，否则可能会导致乱码或解码错误。

### 4. 字符串格式化

格式化字符串是指在编程的过程中，通过特定的占位符将相关的信息整合或提取的一种技术。它允许开发人员以一种结构化的方式插入变量、表达式或其他数据，并将其作为字符串输出或构建新的字符串。

下面使用 input()函数输入你的 10 月份工资和每天的消费金额，计算出本月剩余的工资并输出。示例代码如下。

```
#使用 input()函数输入你的月工资，用变量存储
wage = input('你每月的工资是多少元？')

#使用 input()函数输入你每天的消费，新建变量存储
consume = input('你平均每天花费多少钱？')

#surplus 为本月剩余工资
surplus = int(wage) - int(consume) * 31

#假设本月为 10 月，共 31 天，那么计算剩余的工资
print('XXX 天后我还剩余'+str(surplus)+'元。')
```

运行结果如下：

XXX 天后我还剩余 890 元。

由上述代码可知，可以通过字符串的格式化操作将字符串与变量连接为新的字符串。

在 Python 中，字符串的格式化可以通过多种方式实现。以下是几种常用的方法。

(1) 使用百分号(%)进行格式化。使用百分号进行格式化是 Python 早期提供的一种字符串格式化方法，它使用%作为占位符。下面是一些常用的占位符。

① %s：字符串占位符。

② %d：整数占位符。

③ %f：浮点数占位符。

④ %x：十六进制整数占位符。

【例 2-3】使用百分号进行字符串的格式化。

```
name = "Alice"
age = 25
```

```
print("My name is %s and I am %d years old." % (name, age))
```

运行结果如下：

```
My name is Alice and I am 25 years old.
```

在例 2-3 中，%s 表示字符串的占位符，%d 表示整数的占位符。字符串末尾的"% (name, age)"表示将 name 和 age 的值分别填充到对应的占位符中。

(2) 使用 str.format()方法进行格式化。str.format()方法是一种更灵活和可读性更高的字符串格式化方式。在字符串中使用大括号{}作为占位符，并使用 format()方法提供要插入的值。

【例 2-4】使用 str.format()方法进行字符串的格式化。

```
name = "Alice"
age = 25
print("My name is {} and I am {} years old.".format(name, age))
```

运行结果如下：

```
My name is Alice and I am 25 years old.
```

在上述代码中，大括号{}表示占位符，它们将按照出现的顺序被 format()方法中的值依次填充。

(3) 使用 f-strings (格式化字符串字面值)进行字符串格式化。f-strings 是 Python 3.6 及更高版本引入的一种字符串格式化方法，它提供了一种简洁和直观的方式来进行字符串格式化。在字符串前加上前缀 f，然后使用大括号{}将表达式或变量包围起来。

【例 2-5】使用 f-strings 方法进行字符串的格式化。

```
name = "Alice"
age = 25
print(f"My name is {name} and I am {age} years old.")
```

运行结果如下：

```
My name is Alice and I am 25 years old.
```

在上述代码中，字符串前缀 f 指 Python 解释器对字符串进行格式化。大括号{}内的表达式会被求值，并将结果插入字符串中。

以上几种是字符串格式化的方法，读者可以根据需要选择适合的方法。推荐使用百分号格式化和 f-strings 方法。

## 2.3  数据类型的相互转换

Python 中的数据类型相互转换是 Python 编程中非常基础且重要的知识点之一。在 Python 中，数据类型的转换可以实现不同类型的数据之间的互相转换，以便进行数据处理和计算。下面介绍 Python 中两种数据类型转换的方法。

### 2.3.1  隐式类型的转换

在 Python 中，隐式类型转换是指在表达式中自动发生的类型转换，而无须明确地编写类型转换代码。这些隐式类型转换通常发生在不同的数字类型之间。

以下是一些常见的隐式类型转换示例。

(1) 整数和浮点数之间的隐式转换。

```
a = 5                    #整数
b = 2.5                  #浮点数

result = a + b           #将整数 a 转换为浮点数，执行浮点数的加法
print(result)            #输出：7.5
```

(2) 整数和布尔值之间的隐式转换。

```
a = 10                   #整数
b = True                 #布尔值

result = a + b           #将布尔值 b 转换为整数，执行整数的加法
print(result)            #输出：11
```

**注意》》》** 隐式类型转换可能会引发一些意外的结果或错误，导致数据精度的丢失，最好使用显式类型转换函数(如 int()、float()和 str())来进行转换。

## 2.3.2　显式类型的转换

在 Python 中，可以使用显式类型转换函数对不同的数据类型进行转换。

以下是一些常用的显式类型转换函数。

(1) 使用 int()函数将浮点数转换为整数类型。

```
a = 5.7                  #浮点数
b = int(a)               #将浮点数转换为整数

print(b)                 #输出：5
```

(2) 使用 float()函数将数字转换为浮点数类型。

```
a = 10                   #整数
b = float(a)             #将整数转换为浮点数

print(b)                 #输出：10.0
```

(3) 使用 str()函数将数字转换为字符串类型。

```
a = 42                   #整数
b = str(a)               #将整数转换为字符串

print(b)                 #输出：'42'
```

在执行显式类型转换时，如果转换不可行或不合理(如将一个字符串类型的"abc"转换为数字类型)，则可能会引发类型错误。

**注意》》》** 在进行显式类型转换时，应确保转换操作的安全性和有效性，以避免引发类型错误。

# 2.4　Python 中的运算符

在 Python 中，运算符是用于执行各种数学或逻辑操作的特殊符号，包括算术运算符、比较运算符、逻辑运算符、赋值运算符、位运算符等。可以通过使用这些运算符来执行数学计算、比较操作、赋值操作和逻辑运算等。了解并熟练使用这些运算符对于进行 Python 编程是至关重要的。

## 2.4.1　算数运算符

Python 提供了一系列算术运算符，主要运用于数字类型之间的数学运算。以下是 Python 中常用的算术运算符。

(1) 加法：将两个数相加，符号为 "+"。

```python
a = 5
b = 3
c = a + b
print(c)         #输出：8
```

(2) 减法：从一个数中减去另外一个数，符号为 "-"。

```python
a = 5
b = 3
c = a - b
print(c)         #输出：2
```

(3) 乘法：将两个数相乘，符号为 "*"。

```python
a = 5
b = 3
c = a * b
print(c)         #输出：15
```

(4) 除法：用一个数除以另外一个数(得到浮点数结果)，符号为 "/"。

```python
a = 10
b = 3
c = a / b
print(c)         #输出：3.3333333333333335
```

(5) 整数除法：用一个数除以另一个数，并返回整数结果(向下取整)，符号为 "//"。

```python
a = 10
b = 3
c = a // b
print(c)         #输出：3
```

(6) 求余：返回两个数相除的余数，符号为 "%"。

```python
a = 10
b = 3
c = a % b
print(c)         #输出：1
```

(7) 幂运算：计算一个数的指数幂，符号为"**"。

```
a = 2
b = 3
c = a ** b
print(c)          #输出：8
```

以上是 Python 中常见的算术运算符，可以组合使用这些运算符来执行各种数学运算。

## 2.4.2 比较运算符

在 Python 中，比较运算符用于比较两个值或表达式的关系，并返回布尔值(True 或 False)。以下是 Python 中常用的比较运算符。

(1) 相等：检查两个值是否相等，使用符号"=="来进行比较。

```
a = 5
b = 3
print(a == b)  #输出：False
```

(2) 不相等：检查两个值是否不相等，使用符号"!="来进行比较。

```
a = 5
b = 3
print(a != b)   #输出：True
```

(3) 大于：检查一个值是否大于另一个值，使用符号">"来进行比较。

```
a = 5
b = 3
print(a > b)   #输出：True
```

(4) 小于：检查一个值是否小于另一个值，使用符号"<"来进行比较。

```
a = 5
b = 3
print(a < b)   #输出：False
```

(5) 大于等于：检查一个值是否大于或等于另一个值，使用符号">="来进行比较。

```
a = 5
b = 3
print(a >= b)   #输出：True
```

(6) 小于等于：检查一个值是否小于或等于另一个值，使用符号"<="来进行比较。

```
a = 5
b = 3
print(a <= b)   #输出：False
```

Python 中的比较运算符可以用于各种情况，如条件判断语句、循环控制和数据筛选。比较运算符的返回值为布尔类型，可以帮助我们进行逻辑判断和决策。例如，在条件判断语句中，可以使用比较运算符来检查变量是否满足特定条件，根据结果执行相应的代码块。

比较运算符只能用于支持比较操作的数据类型，如数字、字符串和序列等。对于不同的数据类型，比较运算符的行为可能有所不同。因此，在使用比较运算符时，要确保操作数具有可比性，并理解相应数据类型之间的比较规则。

## 2.4.3 逻辑运算符

在 Python 中, 逻辑运算符用于对布尔值进行操作和组合。逻辑运算符可以结合一个或多个布尔值, 并返回一个新的布尔值结果。以下是 Python 中常用的逻辑运算符。

(1) 与运算(and): 当所有操作数都为 True 时, 返回 True; 如果任何一个操作数为 False, 则返回 False。

```python
a = True
b = False
print(a and b)    #输出: False
```

(2) 或运算(or): 当至少有一个操作数为 True 时, 返回 True; 如果所有操作数都为 False, 则返回 False。

```python
a = True
b = False
print(a or b)      #输出: True
```

(3) 非运算(not): 对操作数进行取反操作, 如果操作数为 True, 则返回 False; 如果操作数为 False, 则返回 True。

```python
a = True
print(not a)      #输出: False
```

逻辑运算符可以根据需要进行组合, 并根据表达式的求值顺序确定计算的优先级。逻辑运算符在条件判断、循环控制和逻辑判断等方面非常有用, 可以帮助我们进行复杂的逻辑决策和操作。

## 2.4.4 位运算符

在 Python 中, 位运算符是一组用于对整数的二进制表示进行位级操作的运算符。这些运算符直接操作二进制形式的整数, 并按位执行操作, 然后返回一个新的整数作为结果。以下是 Python 中常用的位运算符。

(1) 按位与(AND): 对两个操作数的每个对应位执行与操作。它将操作数的二进制表示中的每个位进行逻辑与运算, 如果两个位都是 1, 则结果位为 1; 否则, 结果位为 0。

```python
a = 5          #二进制表示为 0101
b = 3          #二进制表示为 0011
result = a & b
print(result)  #输出: 1
```

(2) 按位或(OR): 对两个操作数的每个对应位执行或操作。它将操作数的二进制表示中的每个位进行逻辑或运算, 如果任何一个位为 1, 则结果位为 1; 否则, 结果位为 0。

```python
a = 5          #二进制表示为 0101
b = 3          #二进制表示为 0011
result = a | b
print(result)   #输出: 7
```

(3) 按位异或(XOR)：对两个操作数的每个对应位执行异或操作。它将操作数的二进制表示中的每个位进行逻辑异或运算，如果两个位相同，则结果位为 0；如果两个位不同，则结果位为 1。

```
a = 5              #二进制表示为 0101
b = 3              #二进制表示为 0011
result = a ^ b
print(result)      #输出: 6
```

(4) 按位取反(NOT)：对操作数的每个位进行取反操作。它将操作数的二进制表示中的每个位进行逻辑取反运算，即将 0 变为 1，将 1 变为 0。

```
a = 5              #二进制表示为 0000 0101
result = ~a
print(result)      #输出: -6(二进制表示为 1111 1001)
```

(5) 左移(<<)：将操作数的所有位向左移动指定的位数，并用零填充右侧。

```
a = 5              #二进制表示为 0000 0101
result = a << 2
print(result)      #输出: 20(二进制表示为 0001 0100)
```

(6) 右移(>>)：将操作数的所有位向右移动指定的位数，并用符号位在左侧(正数用 0，负数用 1)填充。

```
a = 5              #二进制表示为 0000 0101
result = a >> 2
print(result)      #输出: 1(二进制表示为 0000 0001)
```

位运算符适用于需要直接操作二进制表示的情况，如位掩码、位标志和位操作等。它们在底层的二进制操作中非常有用。

## 2.4.5  赋值运算符

在 Python 中，赋值运算符用于将一个值赋给一个变量。它将右侧的表达式的值分配给左侧的变量。以下是 Python 中常用的赋值运算符。

(1) 等号(=)：将右侧的值赋给左侧的变量。

```
a = 5
print(a)        #输出: 5
```

(2) 加法赋值(+=)：将右侧的值与左侧的变量相加，并将结果赋给左侧的变量。

```
a = 5
a += 2        #相当于 a = a + 2
```

(3) 减法赋值(-=)：将左侧的变量减去右侧的值，并将结果赋给左侧的变量。

```
a = 5
a -= 2        #相当于 a = a - 2
```

(4) 乘法赋值(*=)：将左侧的变量乘以右侧的值，并将结果赋给左侧的变量。

```
a = 5
a *= 2        #相当于 a = a * 2
```

(5) 除法赋值(/=)：将左侧的变量除以右侧的值，并将结果赋给左侧的变量。

```
a = 5
a /= 2        #相当于 a = a / 2
```

(6) 取模赋值(%=)：将左侧的变量除以右侧的值，并将余数赋给左侧的变量。

```
a = 5
a %= 2        #相当于 a = a % 2
```

(7) 幂赋值(**=)：将左侧的变量进行指数运算，并将结果赋给左侧的变量。

```
a = 5
a **= 2       #相当于 a = a ** 2
```

赋值运算符允许我们方便地将一个值存储在变量中或对变量进行修改。它们在处理变量和执行简单计算时非常有用。

### 2.4.6　运算符的优先级

在 Python 中，运算符具有不同的优先级，用于确定在表达式中进行运算的顺序。当表达式中包含多个运算符时，具有较高优先级的运算符会先执行。

以下是 Python 中常用运算符的优先级，其优先级为从高到低。

(1) 括号：()，用于改变运算符的优先级。

(2) 幂运算：**，表示求幂运算。

(3) 正负号：+x、-x，用于表示正数和负数。

(4) 乘法、除法、取模和整数除法：*、/、%、//。

(5) 加法和减法：+、-。

(6) 比较运算符：<、<=、>、>=、==、!=。

(7) 逻辑运算符：not、and、or。

需要注意的是，如果存在相同优先级的运算符，则 Python 会从左到右依次执行运算。此外，可以使用括号来明确指定运算的顺序，从而避免优先级可能导致的错误或混淆。

以下示例，展示了运算符优先级的计算规则。

```
result = 2 + 3 * 4 ** 2 - (6 / 2)
print(result)       #输出：47.0
```

由上述表达式可知，先计算指数运算，然后是乘法、除法和加法减法运算，括号改变了运算的优先级。

## 本章小结

本章介绍了 Python 语言的基础知识，涵盖了变量与数据类型、运算符、数据类型转换等内容，概括如下。

(1) 标识符和关键字。

标识符用于标识变量、函数、类等。标识符由字母、数字和下画线组成，且不能以数字开头，如 my_variable、calculate_sum。

关键字是 Python 中具有特殊含义的预定义标识符，用于表示语法结构和功能，如 if、or、while、def 和 class。

(2) 变量和常量。

变量用于存储和表示数据，可以在程序中修改变量。变量的值可以随时改变。示例：x = 5，name = "John"。

(3) 常量是指在程序中固定不变的值，一旦赋值后不可更改，如 PI = 3.14、MAX_VALUE = 100。

(4) 输入与输出。

输入是指从用户获取数据的过程。在 Python 中，可以使用 input()函数获取用户的输入，并将其存储为字符串，如 name = input("Enter your name: ")。

输出是指将结果或信息显示给用户的过程。在 Python 中，可以使用 print()函数将数据输出到控制台，如 print("Hello, World!")。

(5) 注释。

注释是指用于给程序添加说明和解释的文本，对于其他人阅读代码非常有帮助。在 Python 中，单行注释使用#符号，多行注释使用 3 个引号(""" 或 ''')包围。

(6) 数字类型。

在 Python 中，数字类型包括整数、浮点数、复数等。整数表示整数值，浮点数表示带有小数部分的数值，复数表示具有实部和虚部的数值。

(7) 字符串类型。

字符串是由字符组成的序列，在 Python 中使用引号(单引号或双引号)括起来。字符串可以包含字母、数字、符号和空格等字符，如"Hello, World!"、'Python'。

(8) 运算符。

Python 中的运算符用于对值进行操作和计算，包括算术运算符(+、-、*、/、%、**等)、比较运算符(<、>、<=、>=、==、!=等)、逻辑运算符(and、or、not 等)、位运算符(&、|、^、~、<<、>>等)等多种类型的运算符，运算符使我们可以对数据进行各种计算和操作，对于程序的逻辑控制非常重要。

# 📖✐ 思考与练习

## 一、选择题

1. 标识符(　　)。
   A. 用于标识变量、函数等
   B. 是 Python 中的特殊关键字
   C. 用于表示常量
2. 下列不是 Python 关键字的是(　　)。
   A. if　　　　　　　B. else　　　　　　　　C. main
3. 输入和输出分别是(　　)。
   A. 输入是将结果显示给用户，输出是获取用户的输入
   B. 输入是获取用户的输入，输出是将结果显示给用户
   C. 输入和输出都是获取用户的输入

## 二、填空题

1. 在 Python 中，单行注释使用符号_____。
2. 整数、浮点数和复数是 Python 中的_____类型。
3. 字符串是由字符组成的序列，用_____或_____括起来。

## 三、编程题

1. 编写一段代码，要求用户输入两个整数，并将它们相加后的结果输出。
2. 编写一段代码，要求用户输入一个可以转换为数字的字符串，并输出该输入值的平方值。

读书笔记

# 流程控制和异常处理

## 第3章

流程控制指代码的运行逻辑、分支走向、循环控制，是真正体现程序执行顺序的操作。流程控制一般分为顺序执行、条件选择执行、循环执行 3 种。

Python 中的语句默认都是按照代码编写顺序自上而下地依次执行，执行过程中脚本之间没有进行逻辑判断，这在软件开发过程中是绝对不够的。在实现复杂业务逻辑任务时，需要在特定条件下将某些语句重复执行或设定指定条件后再执行，这就需要使用选择结构和循环结构。

异常处理是一种处理程序运行时出现错误或异常情况的机制。当程序遇到异常时，会中断当前代码的执行，并跳转到相应的异常处理代码块，从而实现对异常情况的处理。其优势在于可以使程序更加健壮和可靠。

### 学习目标

➢ 掌握单分支、双分支、多分支结构的使用方法
➢ 掌握 for 循环和 while 循环的使用方法
➢ 了解 break 和 continue 语句的使用方法和应用场景
➢ 掌握异常捕获的流程
➢ 了解异常的分类

## 3.1　选择结构设计

选择结构表示通过某些特定条件来决定下一步应该执行哪些操作。例如，日常生活中通过相亲来评判对方是否能成为你心目中的白马王子，见面之后会有很丰富的心理过程："如果 ta 情商高，会聊天，我可能还会考虑，否则我不想搭理 ta"，"如果身高 180，我很满意，如果身高 175，比较满意，要不然说再见"。上述描述中出现的"如果""否则""要不然"等词语就是编程中的选择结构。

```
        print('相亲成功')
```

运行结果如下：

相亲成功

上述代码使用了 or 关键字，表示"或者"，意为两边的条件有一个成立则整体条件就成立。

### 3.1.2 if-else 双分支结构

有单分支结构肯定就有双分支结构。前面已经提到 if 语句是单分支结构，如果判断条件成立则执行代码块内容，否则就跳过。该结构只考虑一种可能性，执行或不执行。

双分支结构的语法格式如下。

```
if 条件表达式:
    如果条件成立，则执行这块代码
else:
    如果条件不成立，则执行这块代码
```

上述语法中出现了"else"，翻译为"否则"。双分支结构的特点是不管判断条件是何结果，总是要从两个代码块中选择一个代码块来执行。

**【例 3-7】** 从终端输入一个用户名，如果为 root 则提示"超级管理员登录"，如果不是则提示"普通用户登录"。

```
username = input('请输入登录的用户名：')
if username == 'root':
    print('超级管理员登录')
else:
    print('普通用户登录')
```

运行结果如下：

```
请输入登录的用户名：root
超级管理员登录
请输入登录的用户名：zhangsan
普通用户登录
```

**注意 》》》**
- if 和 else 后都要以冒号结尾，表示条件语句结束。
- if 和 else 中的代码块左侧都要加缩进。

**【例 3-8】** 从终端输入用户名和密码。如果用户名为 root 且密码为 123456，则提示"登录成功"，否则提示"用户名或密码错误"。

```
username = input('请输入登录的用户名：')
password = input('请输入登录的密码：')
if username == 'root' and password == '123456':
    print('登录成功')
else:
    print('用户名或密码错误')
```

运行结果如下：

```
请输入登录的用户名：root
请输入登录的密码：123456
登录成功
请输入登录的用户名：zhangsan
请输入登录的密码：123456
用户名或密码错误
```

运行后的输出语句符合脚本逻辑的预期。

## 3.1.3　if-elif-else 多分支结构

多分支结构，用于根据不同条件执行不同的代码块。在多分支结构中，程序将根据给定条件的真假来选择性地执行相应的代码，最常见的条件语句是 if-else 语句。例如，教师需要根据成绩来评判该科目相应的等级标准，如果大于等于 90 分则属于优秀，如果位于 70～90 分则属于良好，60～70 分则属于及格，60 分以下则属于不及格。如果考了 75 分，那么应该属于哪个等级呢？

上面的例子中将一个人的成绩分为了四种情况来考虑，情况分得越多则考虑得越全面。

多分支结构的语法格式如下。

```
if 条件表达式 1:
    如果条件 1 成立，则执行这块代码
elif 条件表达式 2:
    如果条件 2 成立，则执行这块代码
elif 条件表达式 3:
    如果条件 3 成立，则执行这块代码
……
else:
    否则执行这块代码
```

**注意》》** elif 可以根据实际业务情况动态添加。

**【例 3-9】** 从终端输入成绩并用 score 表示，如果大于等于 90 分则输出"优秀"，如果位于 70～90 分之间则输出"良好"，如果位于 60～70 分之间则输出"及格"，60 分以下输出"不及格"。

```
score = input("请输入你的成绩：")
if score >= 90:
    print('优秀')
elif score < 90 and score >= 70:
    print('良好')
elif score < 70 and score >= 60:
    print('及格')
else:
    print('不及格')
```

运行结果如下：

```
请输入你的成绩：90
Traceback (most recent call last):
    if score >= 90:
TypeError: '>=' not supported between instances of 'str' and 'int'
```

由上述运行结果可知，运行错误并抛出异常，异常类型为 TypeError，原因是字符串和整型之间不支持使用"﹥="进行比较。产生问题的原因是 input()函数接收的数据不管是什么内容，返回的都是字符串类型，而字符串不能跟整型比较大小，可以使用"类型转换"来解决。

```
score = input("请输入你的成绩: ")
score = int(score)
if score >= 90:
......
```

运行结果如下：

```
请输入你的成绩: 90
优秀
请输入你的成绩: 50
不及格
```

上述示例中使用的"int()"表示将字符串类型的数字转换为整型数字，从运行结果来看，输入的两个成绩都可以正常显示对应的等级。如果输入"zhangsan"作为学生成绩会怎样呢？答案是直接抛出异常，错误原因如下。

```
请输入你的成绩: zhangsan
Traceback (most recent call last):
    score = int(score)
ValueError: could not convert string to int: 'zhangsan'
```

异常类型为 ValueError，表示数值错误，意为"不能将 string 类型的 zhangsan 转换为 int 类型"。更完善的写法如下。

```
score = input("请输入你的成绩: ")
if score.isdigit():
    score = int(score)
    if score >= 90:
    ......
else:
    print('输入的数据格式不正确')
```

运行结果如下：

```
请输入你的成绩: zhangsan
输入的数据格式不正确
```

上述代码使用 isdigit()方法判断输入的内容是否为纯数字，如果是则执行等级评定的逻辑，否则提示输入的数据格式不正确。

显然，上述代码在编辑器中会出现灰色波浪线，将鼠标指针放至波浪线处，提示如图 3-2 所示的内容。

图 3-2　语法优化提示

提示中的内容为"脚本有更简单的写法"，单击"Simplify chained comparison"字样会自动将代码进行纠正。将"score < 90 and score >= 70"纠正为"90 > score >= 70"。

　　思考：上述示例中的"90 > score >= 70"还可以简化为"score >= 70"，"70 > score >= 60"也可以简化为"score >= 60"，为什么？

## 3.1.4　分支结构嵌套

　　将一个 if 语句放到另一个 if 语句中就形成了分支结构嵌套。

　　有些情况下，需要处理的事物逻辑十分复杂，要综合判断多种因素，在不同因素下还可能有其他条件影响结果，这时就可以通过分支结构嵌套来解决。

　　【例 3-10】判断相亲对象是否符合结婚标准。

　　假设有一名女性，现在要见一名网友并且有和 ta 进一步接触的打算，在见面前她的心理活动如图 3-3 所示。

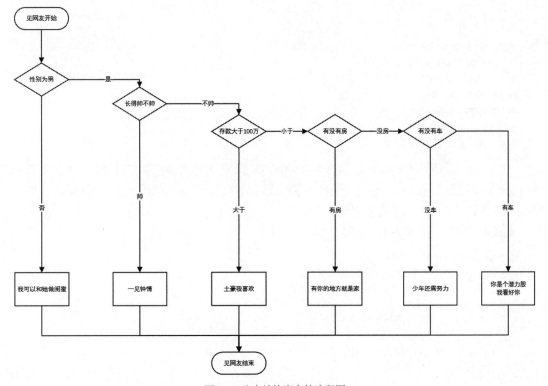

图 3-3　分支结构嵌套的流程图

　　由图 3-3 可知，整个相亲过程很复杂，要考虑性别、外貌、车、房、存款等因素，使用编程的方式实现如下。

```python
print('你好，我是你的网友')
sex = input('对方的性别是(填男/女)：')
if sex == '男':
    face = input('对方帅不帅(填帅/不帅)：')
    if face == '帅':
        print('一见钟情')
    else:
        money = input('对方的存款有多少(填金额)：')
```

```
        money = int(money)                        #将金额转为整型方便后续的判断
        if money > 1000000:
            print('土豪我喜欢')
        else:
            house = input('有没有房子(填有/没有)')
            if house == '有':
                print('有你的地方就是家')
            else:
                car = input('有没有车(填有/没有)')
                if car == '有':
                    print('你是个潜力股,我看好你')
                else:
                    print('少年还需努力')
else:
    print('我们适合做闺蜜')
```

运行结果如下:

```
你好,我是你的网友
对方的性别是(填男/女):男
对方帅不帅(填帅/不帅):不帅
对方的存款有多少(填金额):500000
有没有房子(填有/没有)没有
有没有车(填有/没有)有
你是个潜力股,我看好你
```

上述示例中只使用了 **if-else** 嵌套,语法并没有难度,但是给人的感觉却很复杂。不仅要考虑各种判断条件,还需要考虑代码缩进,嵌套越多则代码越复杂,该写法就属于**过度嵌套**。通常情况下推荐嵌套最多写 2 层,也就是 if 中最多套用一个 if。

【例 3-11】使用函数解决"过度嵌套"问题。

```
def meetfriend():
    print('你好,我是你的网友')
    sex = input('对方的性别是(填男/女):')
    if sex != '男':
        print('我们适合做闺蜜')
        return
    face = input('对方帅不帅(填帅/不帅):')
    if face == '帅':
        print('一见钟情')
        return
    money = input('对方的存款有多少(填金额):')
    money = int(money)
    if money > 1000000:
        print('土豪我喜欢')
        return
    house = input('有没有房子(填有/没有)')
    if house == '有':
        print('有你的地方就是家')
        return
    car = input('有没有车(填有/没有)')
    if car == '有':
```

```
        print('你是个潜力股，我看好你')
    else:
        print('少年还需努力')
meetfriend()
```

例 3-11 的运行结果与优化前的例 3-10 的运行结果一样。例 3-11 引入了函数的概念(在第 6 章会讲到)，通过将条件取反并配合 return 语句，将复杂的 if 嵌套变成了单分支结构，使代码难度降低。

# 3.2　循环结构设计

Python 中的循环结构主要包括 for、while 两种结构，每种循环结构都有其特点和适用场景，可以根据具体需求选择合适的循环结构。通过使用循环结构，可以处理需要重复执行的任务，减少代码冗余，提高代码的可读性和执行效率。

## 3.2.1　for 循环结构

for 循环结构的语法格式如下。

```
for 迭代变量 in 可迭代对象:
    需重复执行的代码片段
```

什么是可迭代对象？Python 中的可迭代对象一般包括字符串、列表、元组、字典、集合、range 等。

什么是迭代变量？从可迭代对象中取出的元素就是可迭代变量。例如，从一堆数字中取出的都是单独的数字，从一堆学生中取出的都是单独的学生。可迭代对象在本章常用的是 range 函数，其语法格式如下。

```
range(stop) #start=0,step=1          #默认 start=0,step=1
range(start,stop)  #step=1           #默认 step=1
range(start,stop,step)
```

【例 3-12】使用 for 循环和 range 生成 3 以内的数字并输出。

```
for i in range(3):
    print('范围内容为', i)
```

运行结果如下：

```
范围内容为 0
范围内容为 1
范围内容为 2
```

例 3-12 中使用了 range 函数。range 是 Python 的内置函数，表示生成一个范围。此处只输入一个参数为 3，表示生成一个 3 以内的范围，也就是 0、1、2。

【例 3-13】使用 for 循环评定学生成绩，从终端输入 3 个学生成绩，判定其为优秀/良好/及格/不及格。

```
for i in range(3):
    score = int(input('请输入学生成绩：'))
    if score >= 90:
```

```
        print(score, '优秀')
    elif score >= 70:
        print(score, '良好')
    elif score >= 60:
        print(score, '及格')
    else:
        print(score, '不及格')
```

运行结果如下：

```
请输入学生成绩：60
60 及格
请输入学生成绩：100
100 优秀
请输入学生成绩：80
80 良好
```

【例 3-14】从终端输入数字 n，并使用 for 循环计算出 n 以内所有整数的和并输出结果。

```
n = int(input('你想计算多少以内的和：'))
total = 0
for i in range(n+1):                    #range(n+1)的范围是 0、1、…、n
    total = total + i                   #累计求和
print(n, '以内的和为：', total)
```

运行结果如下：

```
你想计算多少以内的和：100
100 以内的和为：5050
```

注意 >>> range(n)表示的含义是生成 0～n-1 范围内的数字，也可以表示为[0,n)。

【例 3-15】从终端输入两个数字，m 表示开始数字假设为 3，n 表示结束数字假设为 10，计算两者之间所有数字的和。

```
m = int(input('你的开始数字：'))
n = int(input('你的结束数字：'))
total = 0
for i in range(m, n+1):
    total = total + i
print(f'{m}～{n}以内的和为：', total)
```

运行结果如下：

```
你的开始数字：3
你的结束数字：10
3～10 以内的和为：52
你的开始数字：10
你的结束数字：4
10～4 以内的和为：0
```

由运行结果可知，3～10 之间的和为 52，结果正确；10～4 的和为 0，结果错误。当用户输入的 m 大于等于 n 时该如何处理呢？可以使用变量交换来实现。

【例 3-16】交换用户输入的 m 和 n 的值。

```python
m = int(input('你的开始数字：'))
n = int(input('你的结束数字：'))
if m > n:
    m, n = n, m                        #将变量 m 和 n 进行交换
total = 0
for i in range(m, n+1):
    total = total + i
print(f'{m}～{n}以内的和为：', total)
```

运行结果如下：

```
你的开始数字：10
你的结束数字：3
3～10 以内的和为：52
```

上述示例中通过"m,n=n,m"快速完成了变量的交换，这样简洁的语法是其他编程语言不具备的。

【例 3-17】计算 m 到 n 之间的和，要求每隔 4 个数字计算 1 次。例如，输入 2 和 10，则应该计算 2、6、10 这 3 个数字的和。

```python
start = int(input('你的开始数字：'))
end = int(input('你的结束数字：'))
step = int(input('你的步长：'))
if start > end:
    start, end = end, start
total = 0
for i in range(start, end+1, step):
    total = total + i
print(f'{start}～{end}以内步长为{step}的和为', total)
```

运行结果如下：

```
你的开始数字：2
你的结束数字：10
你的步长：4
2～10 以内步长为 4 的和为 18
```

由上述代码可知，range 的第三个参数 step 表示步长，意为从起始数字开始每次增加一个步长，如果不设置步长则默认为 1。该数值可以为正数，也可以为负数。

## 3.2.2　while 循环结构

while 翻译为"当……时"，它是 Python 的第二种循环机制，其语法格式如下。

```
while 条件表达式：
    如果条件成立，则重复执行这块代码
```

while 循环的特点是根据循环条件来决定循环次数。

【例 3-18】使用 while 循环计算 n 以内的和。

```python
n = int(input('你想计算多少以内的和：'))
```

```
i = 0                                    #表示循环次数，默认为 0
total = 0
while i <= n:
    total = total + i
    i = i + 1                            #每循环一次就加 1
print(n, '以内的和为：', total)
```

运行结果如下：

```
你想计算多少以内的和：100
100 以内的和为：5050
```

由上述代码可知，i=i+1 相当于 range 中的 step 设为 1，i<=n 相当于 range(i,n+1)。

【例 3-19】使用 while 循环计算 m 到 n 之间的和，要求每隔 4 个数字计算 1 次。例如，输入 2 和 10，则应该计算 2、6、10 这 3 个数字的和。

```
start = int(input('你的开始数字：'))
end = int(input('你的结束数字：'))
step = int(input('你的步长：'))
if start > end:                          #如果起始数字大于结束数字，则两者进行交换
    start, end = end, start
total = 0
x = start
while x <= end:
    total = total + x
    x = x + step
print(f'{start}～{end}以内步长为{step}的和为：', total)
```

运行结果如下：

```
你的开始数字：2
你的结束数字：10
你的步长：4
2～10 以内步长为 4 的和为：18
```

思考：while 循环和 for 循环的功能几乎一样，为什么还要学习两种循环结构呢？下面通过表 3-1 进行介绍。

表 3-1    两种循环结构的对比

| 循环结构的名称 | 功能性 | 循环次数 | 代码量 | 场景 |
| --- | --- | --- | --- | --- |
| for 循环 | 两者等价 | 已知 | 简洁 | 适合遍历 |
| while 循环 | | 未知 | 略复杂 | 适合带条件的循环 |

由表 3-1 可知，for 循环更适合遍历，while 循环更适合在多条件下循环，两者从功能上来讲相同，但是 for 循环更方便。

## 3.2.3  循环嵌套

在程序开发中，某些复杂的业务需求可能无法仅通过单一循环来实现，因此需要借助两个甚至多个循环来达成。在这种情况下，我们会将一个循环嵌套在另一个循环内部，以实现所需功能，这就是循环嵌套。

【例3-20】使用循环嵌套输出九九乘法表。

```python
for i in range(1, 10):
    for j in range(1, i + 1):
        print(f"{j}*{i}={i*j} ", end='')
    print()                              #每计算一行就输出换行
```

运行结果如下：

```
1*1=1
1*2=2 2*2=4
1*3=3 2*3=6 3*3=9
1*4=4 2*4=8 3*4=12 4*4=16
1*5=5 2*5=10 3*5=15 4*5=20 5*5=25
1*6=6 2*6=12 3*6=18 4*6=24 5*6=30 6*6=36
1*7=7 2*7=14 3*7=21 4*7=28 5*7=35 6*7=42 7*7=49
1*8=8 2*8=16 3*8=24 4*8=32 5*8=40 6*8=48 7*8=56 8*8=64
1*9=9 2*9=18 3*9=27 4*9=36 5*9=45 6*9=54 7*9=63 8*9=72 9*9=81
```

实现思路：第一层循环表示第 i 行，第二层循环表示第 j 列，通过行和列相乘来输出结果。

**注意》》** 每计算完一行才应该换行，否则应该输出在一行之中。

【例3-21】使用循环输出金字塔，效果如图3-4所示。

```
        *
       ***
      *****
     *******
    *********
   ***********
  *************
```

图3-4　金字塔效果图

```python
max_level = int(input('请输入金字塔最大层数：'))
#循环1
for current_level in range(1, max_level + 1):
    #循环2
    for i in range(max_level - current_level):
        print(' ', end='')
    #循环3
    for j in range(2 * current_level - 1):
        print('*', end='')
    print()
```

运行结果如下：

```
请输入金字塔最大层数：5
    *
   ***
  *****
 *******
*********
```

实现思路：第一个循环表示金字塔的行，第二个循环表示每一行应该加几个空格，第三个循环表示每一行应该加几个*。

【例 3-22】利用字符串的特点简化金字塔。

```python
max_level = int(input('请输入金字塔最大层数：'))
for current_level in range(1, max_level + 1):
    print(' '*(max_level - current_level), end='')
    print('*'*(2 * current_level - 1), end='')
    print()
```

改进之处在于每创建一行，只需要生成相应长度的空格和*即可，借助字符串的乘法操作快速完成这个需求，优化后的代码更为简单明了。

注意 »» 循环嵌套要慎重使用。嵌套的循环层次越深，处理起来就越困难，最里面的代码块循环执行的次数会呈几何式增长。假设单层循环次数为 5 次，那么嵌套三层循环就意味着最里面的代码将执行 5^3=125 次，会大大降低代码的执行效率，应避免过多循环嵌套，或更换编程思路。

# 3.3  循环跳转

在 Python 中，跳转语句是一种特殊类型的语句，它们的作用是允许程序在执行过程当中跳过某些代码块。比较常见的跳转语句包括 break、continue、return、yield 等。本节将重点介绍 break 和 continue 语句，因为它们是循环搭配的跳转语句，其他关键字会在后面的章节中进行介绍。

## 3.3.1  break 语句

break 意为"打破、断绝"，在循环代码中，它的作用是结束循环。

【例 3-23】计算用户输入的数字的和，直到输入非数字为止。

实现一个循环，允许用户从终端输入数字，每输入完成一个就自动提示输入下一个，直到输入非数字为止。计算用户输入的所有数字的和，效果如图 3-5 所示。

请输入用来求和的数字：*1*
请输入用来求和的数字：*3*
请输入用来求和的数字：*2*
请输入用来求和的数字：*4*
请输入用来求和的数字：*6*
请输入用来求和的数字：*a*
求和的结果为：**16**

图 3-5  例 3-23 运行效果

```python
inno = ''
total = 0
while True:
    inno = input('请输入用来求和的数字：')
```

```
    if inno.isdigit():
        total += int(inno)
    else:
        break                              #如果输入的不是数字就退出
print(f"求和的结果为：{total}")
```

由题目可知，由于不确定要循环几次，所以选择 while 循环；由于不清楚循环条件，所以将条件设为 True，表示**死循环**。如果用户输入的信息不是数字类型就通过 break 语句跳出。

**死循环**：永远不会结束的循环，也称为无限循环。一般程序中不会轻易使用，因为它极其占用系统资源，在代码逻辑中需要通过 break 语句跳出循环，否则当资源耗尽就会"死机"。

**【例 3-24】**计算 m 以内的平方值小于 n 的所有数字。

从终端输入一个数字 m 表示 m 以内的所有数字，从终端输入一个数字 n 表示平方的最大值。计算 m 以内数字的平方值小于 n 的数字，效果如图 3-6 所示。

请输入一个数字：*5*

请输入平方最大值：*10*

1*1=1

2*2=4

3*3=9

图 3-6　例 3-24 运行效果

```
m = int(input('请输入一个数字：'))
n = int(input('请输入平方最大值：'))
for i in range(1, m+1):
    if i*i > n:                          #如果 i 的平方大于 n 就跳出
        break
    print(f"{i}*{i}={i*i}")
```

运行结果如下：

```
请输入一个数字：5
请输入平方最大值：10
1*1=1
2*2=4
3*3=9
```

## 3.3.2　continue 语句

continue 翻译为"继续"，功能和 break 类似，表示跳出本次循环并继续执行下次循环。

**【例 3-25】**计算 m 以内哪些数字是 n 的整数倍。

从终端输入一个数字 m 表示 m 以内的数字，从终端输入一个数字 n 表示倍数。请计算 m 以内的数字中哪些数字是 n 的倍数并输出是几倍，效果如图 3-7 所示。

```
请输入一个数字：20
请输入倍数：4
4是4的1倍
8是4的2倍
12是4的3倍
16是4的4倍
20是4的5倍
```

图 3-7　例 3-25 运行效果

```
m = int(input('请输入一个数字：'))
n = int(input('请输入倍数：'))
for i in range(1, m + 1):
    if i % n != 0:                          #如果 i 除以 n 的余数不为 0
        continue
print(f"{i}是{n}的{i//n}倍")
```

运行结果如下：

```
请输入一个数字：10
请输入倍数：3
3 是 3 的 1 倍
6 是 3 的 2 倍
9 是 3 的 3 倍
```

上述代码中，continue 的作用是如果条件不成立则直接跳过后续的语句并直接进入下一次循环。代码中使用了“i//n”表示整除，结果为整数，如果写成“i/n”则结果为浮点数，不符合要求。

**【例 3-26】**统计薪资大于 3000 的员工的平均工资。

从终端输入员工信息，若薪资不是整型则重新输入，否则统计工资大于等于 3000 的员工数量并计算平均工资，输入过程中随时按 q 退出，效果如图 3-8 所示。

```
请输入员工的工资(按q|Q退出)：3000
请输入员工的工资(按q|Q退出)：6000
请输入员工的工资(按q|Q退出)：a
请输入员工的工资(按q|Q退出)：2000
请输入员工的工资(按q|Q退出)：q
工资超过3000的人累计2个，平均薪资4500元
```

图 3-8　例 3-26 运行效果

```
count = total = 0
while True:
    salary = input('请输入员工的工资(按 q|Q 退出)：')
    if salary.upper() == 'Q':               #如果输入的内容转为大写等于 Q
        break
    if not salary.isdigit():                #如果输入的内容不是数字
        continue
    salary = int(salary)
    if salary >= 3000:
        total += salary                     #薪资累计求和
        count += 1
print(f'工资超过 3000 的人累计{count}个，平均薪资{total//count}元')
```

运行结果如下:

```
请输入员工的工资(按q|Q退出):3000
请输入员工的工资(按q|Q退出):4000
请输入员工的工资(按q|Q退出):6000
请输入员工的工资(按q|Q退出):1000
请输入员工的工资(按q|Q退出):q
工资超过3000的人累计3个,平均薪资4333元
```

**注意»»** 不管是 break 还是 continue 语句,必须在 for 或 while 循环内部使用,无法单独使用。

### 3.3.3 else 语句

循环结构和选择结构类似,也有 else 语句,其语法格式如下。

```
for 迭代变量 in 可迭代对象:
    需重复执行的代码片段
else:
    循环正常结束后要执行的代码
```

和

```
while 条件表达式:
    如果条件成立,则重复执行这块代码
else:
    循环正常结束后要执行的代码
```

由表 3-1 可知,while 循环和 for 循环在功能上基本等价,本节以 for 循环结构为例来介绍 for-else 的用法。

**【例 3-27】**获取 n 以内的所有质数并输出。

质数就是指在大于 1 的自然数中,除了 1 和它本身之外无法被其他自然数整除的数,如 2、3、5、7、11 等就是质数,也称为素数。获取 n 以内的所有质数,效果如图 3-9 所示。

```
请输入获取几以内的质数:10
2是质数
3是质数
5是质数
7是质数
```

图 3-9　例 3-27 运行效果

```python
m = int(input('请输入获取几以内的质数: '))
i = 2
for i in range(2, m + 1):              #质数从2开始,因此range的起始值为2
    j = 2
    for j in range(2, i):
        if i % j == 0:                 #如果i是质数
            break
    else:
        print(f"{i}是质数")
```

运行结果如下：

```
请输入获取几以内的质数：15
2 是质数
3 是质数
5 是质数
7 是质数
11 是质数
13 是质数
```

**注意 ≫** else 中的代码也属于循环的一部分，一旦跳出就不会被执行。

# 3.4 异常处理

异常翻译为 exception，一般指一个事件，是指程序执行过程中可能出现的不正常情况或错误。它会干扰程序的正常执行流程，并可能导致程序出现错误或崩溃，俗称"报错"。本节将从异常的分类、异常的排查和异常的捕获 3 个方面进行介绍。

## 3.4.1 异常的分类

编码过程中常见的一种异常错误如图 3-10 所示。

```
Traceback (most recent call last):
  File "C:/main.py", line 3, in <module>
    for i in range(2, m + 1):
TypeError: must be str, not int
```

图 3-10  TypeError 异常

在运行程序的过程中，"xxxError"意味着程序发生了异常，常见的异常分类如表 3-2 所示。

表 3-2  常见的异常分类

| 异常名称 | 解释 |
| --- | --- |
| AssertionError | 断言语句失败 |
| AttributeError | 对象没有这个属性 |
| BaseException | 所有异常的基类 |
| Exception | 常规错误的基类 |
| ImportError | 导入模块/对象失败 |
| IndentationError | 缩进错误 |
| IndexError | 序列中没有此索引(index) |
| IOError | 输入/输出操作失败 |
| KeyboardInterrupt | 用户中断执行(通常是输入 Ctrl+C) |
| KeyError | 映射中没有这个键 |
| MemoryError | 内存溢出错误(对于 Python 解释器不是致命的) |
| NameError | 未声明/初始化对象(没有属性) |

| 异常名称 | 解释 |
|---|---|
| NotImplementedError | 尚未实现的方法 |
| OSError | 操作系统错误 |
| OverflowError | 数值运算超出最大限制 |
| ReferenceError | 弱引用(Weak reference)试图访问已经垃圾回收了的对象 |
| RuntimeError | 一般的运行时错误 |
| RuntimeWarning | 可疑的运行时行为(runtime behavior)的警告 |
| StandardError | 所有的内建标准异常的基类 |
| StopIteration | 迭代器没有更多的值 |
| SyntaxError | Python 语法错误 |
| TypeError | 不同类型数据之间的无效操作 |
| UnboundLocalError | 访问未初始化的本地变量 |
| UnicodeDecodeError | Unicode 解码时的错误 |
| UnicodeEncodeError | Unicode 编码时的错误 |
| UnicodeError | Unicode 相关的错误 |
| UnicodeTranslateError | Unicode 转换时的错误 |
| UserWarning | 用户代码生成的警告 |
| ValueError | 传入无效的参数 |
| ZeroDivisionError | 除(或取模)为零(所有数据类型) |

由表 3-2 可知，TypeError 翻译为"不同类型数据之间的无效操作"，理解为"因为数据类型不一致导致某些语法不能使用"。在抛出异常时一般会明确标记代码出错的行号，如图 3-11 所示。带有下画线的"main.py"表示出错的脚本，"line 3"表示第三行有错，下面显示的"for i in range(2, m + 1)"表示报错的代码，报错的地方就在这一句代码附近。程序源码如图 3-12 所示。

```
Traceback (most recent call last):
  File "C:/main.py", line 3, in <module>
    for i in range(2, m + 1):
TypeError: must be str, not int
```

图 3-11　TypeError 异常

```
1   m = input('请输入获取几以内的质数：')
2   i = 2
3   for i in range(2, m + 1):
4       j = 2
5       for j in range(2, i):
6           if i % j == 0:
7               break
8       else:
9           print(f"{i}是质数")
```

图 3-12　程序源码

由图 3-12 可知，第 3 行代码中的 "1" 被一个黄色背景选中，将鼠标指针放上去后会弹出提示，如图 3-13 所示，提示信息为 "期望得到一个 str，但是得到了 int"。我们已知 input 返回的数据是字符串类型，而字符串不能和数字相加减，异常原因就是 "m" 的类型和整型类型不一致导致无法相加减，解决方案就是对 m 进行强制类型转换。

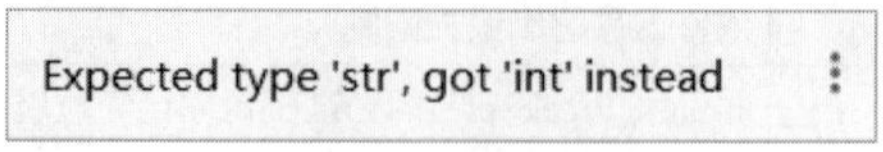

图 3-13　语法提示

**【例 3-28】** 从终端输入两个数字，m 表示被除数，n 表示除数，请计算 m/n 的值并保留两位小数。

```python
m = int(input('请输入被除数：'))
n = int(input('请输入除数：'))
result = round(m/n, 2)
print(f"{m}/{n}={result}")
```

运行结果如下：

```
请输入被除数：10
请输入除数：3
10/5=3.33
```

上述脚本可以计算 10/3 的值，计算 10/0 的结果如下。

```
请输入被除数：10
请输入除数：0
Traceback (most recent call last):
  File "D:/main.py", line 3, in <module>
    result = round(m/n, 2)
ZeroDivisionError: division by zero
```

由表 3-2 可知，该异常为 ZeroDivisionError，即 "除(或取模)为零"，是指进行除法运算或取模运算时除数为 0，显示为第 3 行报错，通过分析代码可知是变量 n 导致。n 是通过第 2 行由终端输入得到的，所以报错的原因是用户在终端输入除数时为 0 导致抛出异常。需要使用 if 分支结构对 n 进行判断：如果 n 为 0 则提示输入错误，否则正常运算。

## 3.4.2　异常的捕获

在编写代码时，可以使用 try-except 语句捕获异常，语法格式如下。

```
try:
    可能有问题的代码
except 异常类型 1 as e:
    出现异常类型 1 的代码
except 异常类型 2 as e:
    出现异常类型 2 的代码
    ……
except 异常类型 n as e:
    出现异常类型 n 的代码
```

try 语句的工作原理如下。

(1) 先执行 try 子句(try 和 exception 之间的语句)。

(2) 如果 try 子句执行完毕都没有触发异常，则跳过所有 except 子句并继续向下运行。

(3) 如果 try 子句执行过程中发生异常，则直接跳过剩余未执行的代码部分，将异常类型与 except 关键字后要捕获的异常进行匹配，若匹配成功则执行 except 子句，否则继续向下匹配，若还未匹配成功则抛出代码异常并中断整个程序。

【例 3-29】计算 m 除以 n 并输出结果(设置 n 为 0)。

请编写代码用于计算两个数的和并保留两位小数，要求从终端循环输入数据，计算完成一组后自动计算下一组，直到输入 q 退出。

```python
while True:
    m = input('请输入被除数：')
    n = input('请输入除数：')
    if m.upper() == 'Q' or n.upper() == 'Q':
        print('退出')
        break
    result = round(int(m)/int(n), 2)
    print(f"{m}/{n}={result}")
```

运行结果如下：

```
请输入被除数：10
请输入除数：2
10/2=5.0
请输入被除数：4
请输入除数：0
Traceback (most recent call last):
  File "D:/main.py", line 8, in <module>
    result = round(int(m)/int(n), 2)
ZeroDivisionError: division by zero
```

由运行结果可知，代码中存在异常错误且已知异常原因为 ZeroDivisionError，出错后导致整个脚本退出，无法继续进行除法运算，可以使用 try-except 语句捕获异常。

【例 3-30】计算 m 除以 n 并输出结果(使用异常捕获拦截已知的异常)。

```python
while True:
    m = input('请输入被除数：')
    n = input('请输入除数：')
    if m.upper() == 'Q' or n.upper() == 'Q':
        print('退出')
        break
    try:
        result = round(int(m)/int(n), 2)
        print(f"{m}/{n}={result}")
    except ZeroDivisionError as e:
        print('除数为 0，没关系，继续执行')
```

运行结果如下：

```
请输入被除数：10
请输入除数：2
10/2=5.0
```

```
请输入被除数：3
请输入除数：0
除数为 0，没关系，继续执行
请输入被除数：
```

由运行结果可知，当除数输入为 0 时计算结果不再报错，仅提示"除数为 0，没关系，继续执行"，然后直接跳过这次异常进入下一次的运行流程。

**【例 3-31】** 通过身高和体重计算 BMI 指数。

首先用户从终端输入身高和体重，然后通过 **BMI=体重/身高^2** 公式计算 BMI 指数，最后根据结果判定身体状态。例如，BMI<16.5 为极瘦，BMI<18.5 属于偏瘦，BMI<24 属于正常，BMI<28 属于超重，BMI≥28 属于肥胖等。

```python
while True:
    h = int(input('请输入您的身高(米)：'))
    w = int(input('请输入您的体重(公斤)：'))
    BMI = w / h ** 2                       #根据身高和体重计算 BMI 参数
    if BMI < 16.5:
        state = '极瘦'
    elif BMI < 18.5:
        state = '偏瘦'
    elif BMI < 24.0:
        state = '正常'
    elif BMI < 28.0:
        state = '超重'
    else:
        state = '肥胖'
    print(f'您的体重指数为：{state}')
```

运行结果如下：

```
请输入您的身高(米)：1
请输入您的体重(公斤)：20
您的体重指数为：正常
请输入您的身高(米)：1.8
Traceback (most recent call last):
  File "D:/main.py", line 2, in <module>
    h = int(input('请输入您的身高(米)：'))
ValueError: invalid literal for int() with base 10: '1.8'
请输入您的身高(米)：0
请输入您的体重(公斤)：20
Traceback (most recent call last):
  File "D:/main.py", line 4, in <module>
    BMI = w / h ** 2
ZeroDivisionError: division by zero
```

由运行结果可知，当身高是小数的时候会抛出 ValueError 异常，当身高是 0 的时候会抛出 ZeroDivisionError 异常，上述出现的异常都会导致程序中断退出。

**【例 3-32】** 计算 BMI 指数并捕获多个已知异常。

```python
while True:
    try:
```

```
        h = int(input('请输入您的身高(米)：'))
        w = int(input('请输入您的体重(公斤)：'))
        BMI = w / h ** 2
        if BMI < 16.5:
            state = '极瘦'
        elif BMI < 18.5:
            state = '偏瘦'
        elif BMI < 24.0:
            state = '正常'
        elif BMI < 28.0:
            state = '超重'
        else:
            state = '肥胖'
        print(f'您的体重指数为：{state}')
    except ValueError as e:
        print('ValueError 异常，先继续执行')
    except ZeroDivisionError as e:
        print('ZeroDivisionError 异常，先继续执行')
```

上述代码中使用 except 关键字捕获了两个异常类型，分别是 ValueError 和 ZeroDivisionError，整个程序可以正常运行。

【例3-33】计算 BMI 指数并捕获 Exception 异常。

```
while True:
    try:
        h = int(input('请输入您的身高(米)：'))
        w = int(input('请输入您的体重(公斤)：'))
        BMI = w / h ** 2
        if BMI < 16.5:
            state = '极瘦'
        elif BMI < 18.5:
            state = '偏瘦'
        elif BMI < 24.0:
            state = '正常'
        elif BMI < 28.0:
            state = '超重'
        else:
            state = '肥胖'
        print(f'您的体重指数为：{state}')
    except Exception as e:
        print('不管抛出什么异常，继续向下执行')
```

运行结果如下：

```
请输入您的身高(米)：1.8
不管抛出什么异常，继续向下执行
请输入您的身高(米)：0
请输入您的体重(公斤)：
```

上述示例中对 Exception 异常进行了捕获，相当于对所有异常都进行了捕获。因为 Python 中的所有异常类型都 "继承于" Exception 这个 "类"。

**注意 >>>** 异常捕获是一种投机取巧的行为，通过 try-except 语句可以让程序暂时不会因为异常中断，但是没有从根本解决程序的报错问题，就像一艘漏水的船，通过不断向外舀水可以让船不至于沉下去，但船其实还在漏水。如果将来某一天水越漏越多，那么船迟早会沉。

# 3.5 案例：猜拳游戏

本案例实现了人类和计算机之间的猜拳游戏，即由计算机随机选择石头、剪刀、布，再由用户自己做出选择，最后得出胜负的一个过程。其使用的技术主要包括 while 循环、if-elif-else 分支语句、输入输出语句、随机函数等。

## 3.5.1 计算机随机猜拳

random 模块为随机模块，可以生成随机数。假设 1 表示石头，2 表示剪刀，3 表示布，代码如下。

```
import random
#randint：随机生成1~3的随机整数
#1代表石头,2代表剪刀,3代表布
computer = random.randint(1, 3)
if computer == 1:
    print('计算机出石头')
elif computer == 2:
    print('计算机出剪刀')
else:
    print('计算机出布')
```

## 3.5.2 用户进行猜拳

用户从终端输入猜拳信息，同样用 1、2、3 来表示，对应的信息和计算机的猜拳信息保持一致。

用户输入的内容可能是 1、2、3，也可能是 a、b、c，或者是其他内容，需要使用 if 语句进行格式校验，代码如下。

```
player = input('请输入猜拳数据(1代表石头、2代表剪刀、3代表布、0代表退出):')
if player.isdigit():
    player = int(player)
    if player == 1:
        print('用户出石头')
    elif player == 2:
        print('用户出剪刀')
    elif player == 3:
        print('用户出布')
    elif player == 0:
        print('用户选择退出')
    else:
        print('指令错误')
else:
    print('指令错误')
```

## 3.5.3　计算机和用户判断胜负

猜拳的胜负大概分为 9 种情况，分别根据胜负、平手等情况进行比较，如图 3-14 所示。

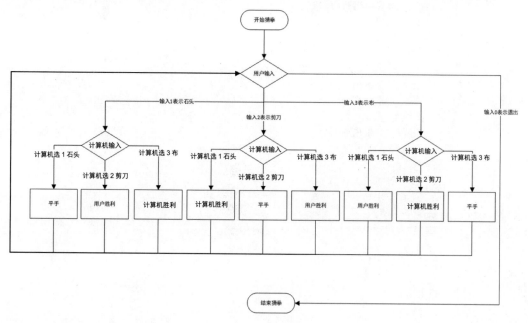

图 3-14　猜拳流程图

按照图 3-14 所示的流程图，编写猜拳游戏的完整代码，如下。

```
import random
#randint：随机生成 1～3 的随机整数
#1 代表石头,2 代表剪刀,3 代表布
computer = random.randint(1, 3)
player = input('请输入猜拳数据(1 代表石头、2 代表剪刀、3 代表布、0 代表退出):')
if player.isdigit():
    player = int(player)
    if player == 1:
        print('用户出石头')
        if computer == 1:
            print('计算机出石头')
            print('平手')
        elif computer == 2:
            print('计算机出剪刀')
            print('用户胜利')
        else:
            print('计算机出布')
            print('计算机胜利')
    elif player == 2:
        print('用户出剪刀')
        if computer == 1:
            print('计算机出石头')
            print('计算机胜利')
```

```
        elif computer == 2:
            print('计算机出剪刀')
            print('平手')
        else:
            print('计算机出布')
            print('用户胜利')
    elif player == 3:
        print('用户出布')
        if computer == 1:
            print('计算机出石头')
            print('用户胜利')
        elif computer == 2:
            print('计算机出剪刀')
            print('计算机胜利')
        else:
            print('计算机出布')
            print('平手')
    elif player == 0:
        print('用户选择退出')
    else:
        print('指令错误')
else:
    print('指令错误')
```

### 3.5.4 简化代码

上述示例中有 9 种判断胜负的情况和用户输入的逻辑判断，导致整体代码出现了很多的分支结构嵌套，可以使用函数和条件取反优化，也可以通过改变代码逻辑来简化。本示例选择优化代码逻辑。

由上述代码可知，9 种情况中有 3 种属于平局，3 种用户胜利，3 种计算机胜利，所以条件可以简化为如下代码。

```
import random
while True:
    computer = random.randint(1, 3)
    player = input('请输入猜拳数据(1 代表石头、2 代表剪刀、3 代表布、0 代表退出):')
    if player.isdigit():
        player = int(player)
        if player == computer:
            print('平手')
            continue
        if player == 1 and computer == 2 or player == 2 and computer == 3 or player
== 3 and computer == 1:
            print('用户胜利')
            continue
        if player == 1 and computer == 3 or player == 2 and computer == 1 or player
== 3 and computer == 2:
            print('计算机胜利')
            continue
        print('指令错误')
```

```
else:
    print('指令错误')
```

优化后的代码更加简洁、逻辑更加清晰，读者可自行拓展这个小游戏。

# 本章小结

本章首先介绍 Python 基础中的选择结构，也就是 if、if-else、if-elif-else 语句；然后介绍循环结构，包括 for、while 两种循环；最后介绍常见的异常处理，包括常见的异常错误、如何定位并调试代码错误、如何捕获异常错误等。

# 思考与练习

## 一、单选题

1. 现在需要循环执行某段代码 100 次，则推荐使用(　　)。
   A. for 循环　　　　B. while 循环　　　C. if 单分支　　　D. if 双分支
2. 循环过程中可以使用(　　)关键字跳出整个循环并继续向下执行。
   A. exit　　　　　　B. continue　　　　C. range　　　　　D. break
3. range(1,5)表示生成的范围是(　　)。
   A. (1,5)　　　　　B. [1,5]　　　　　　C. [1,5)　　　　　D. 以上都对
4. 异常处理过程中经常看到 line xxx，则表示错误位于(　　)。
   A. xxx 行　　　　B. xxx 上面　　　　C. xxx 下面　　　　D. xxx 周围
5. IndexError 表示的异常原因是(　　)。
   A. 索引越界　　　B. 除数为 0　　　　C. 类型不对　　　D. 语法不对

## 二、填空题

1. 执行循环语句 "for x in range(1,5,2):print(x)"，循环体执行的次数是＿＿＿(填数字)。
2. 条件 A 和条件 B 同时成立，同时成立在代码中表示为＿＿＿(填小写字母)。
3. 捕获异常使用的是＿＿＿和＿＿＿两个关键字(填小写字母)。
4. 跳出本次循环继续下次循环可以使用关键字＿＿＿(填小写字母)。
5. 循环语句 "for i in range(6,-4, 2):" 会循环执行＿＿＿次，循环变量 i 的最终值应当为＿＿＿(填数字)。

## 三、编程题

1. 编写脚本实现猜数字游戏。大致流程是计算机随机生成一个 1～100 的数字，由用户进行猜测，如果猜对了则结束游戏，如果猜小了或猜大了则进行提示并继续游戏，直到猜对为止。

2. 编写脚本，由用户在终端输入一个 1～15 的整数，然后显示一个金字塔，运行效果如图 3-15 所示。

```
请输入你要打印的行数：  5
        1
       212
      32123
     4321234
    543212345
```

图 3-15　数字金字塔效果图

3. 编写脚本，由用户在终端输入一个 1～15 的整数，然后显示一个三角形，运行效果如图 3-16 所示。

```
请输入你要打印的行数：  5
1
1 2
1 2 3
1 2 3 4
1 2 3 4 5
```

图 3-16　三角形

4. 编写脚本，由用户在终端输入一个数字，然后使用循环输出如图 3-17 所示的图形。

```
请输入你要打印的行数：  5
                1
            1   2   1
        1   2   4   2   1
    1   2   4   8   4   2   1
1   2   4   8   16  8   4   2   1
```

图 3-17　金字塔

5. 编写脚本，由用户在终端输入一个数字，然后使用循环输出如图 3-18 所示的图形。

```
请输入您要输入的层数：  4
        *
      * * *
    *   *   *
    * * * * * *
    *   *   *
      * * *
        *
```

图 3-18　菱形

# 高级数据结构 第 **4** 章

有一个著名的等式"程序=算法+数据结构"。数据结构的概念很好理解，就是用来将数据组织在一起的结构。换句话说，数据结构是用来存储一系列关联数据的组织方式。在 Python 中有 4 种内置的数据结构，分别是 List、Tuple、Dictionary 和 Set。

通过本章的学习，读者将了解高级数据结构的原理和语法，并掌握使用这些数据结构进行数据存储和处理的方法。高级数据结构在处理复杂数据时非常有用，能够提高代码的可读性和效率，并简化数据操作的逻辑。掌握高级数据结构将使程序开发员的编程工作更加轻松和高效。其在数据分析、算法设计和软件开发等领域提供了更好的支持。

## 学习目标

➢ 掌握列表、元组、字典的用法
➢ 了解集合的常见用法
➢ 掌握字符串和列表的切片
➢ 掌握列表推导式和字典推导式

## 4.1 列表

列表(list)作为常用的"容器"类型之一，可以有序存放各种数据。例如，每个学生都有好几门课程的考试成绩，我们就可以把每门课程的成绩存放在一个列表中。

### 4.1.1 列表的基础操作

列表的基础操作包括创建空列表、创建带有元素的列表，以及对元素进行的增、删、改、读等操作。其为今后更高阶的编程阶段打下了坚实的基础，下面进行详细介绍。

### 1. 创建空列表

创建列表的方法有以下 2 种。

(1) 使用列表自身的构造方法来创建一个学生列表，代码如下。

```
students = list()
```

(2) 使用"字面量"方法来创建一个学生列表，代码如下。

```
students = []
```

**注意》》》** 上述两种创建列表的代码中没有存放任何数据，因此称为**空列表**。

### 2. 创建带有元素的列表

创建列表的同时也可以初始化一些数据，其语法格式如下。

```
students = list(元素 1, 元素 2, 元素 3…)
```

或

```
students = [元素 1, 元素 2, 元素 3…]
```

**注意》》》** 列表中的每个数据统称为"元素"，元素和元素之间需要用逗号隔开，此处的元素可以是 Python 中的任意数据类型。

【例 4-1】创建一个列表，变量名为 students，里面存放若干个学生姓名，如存放"张三""李四""王五"等 3 个字符串并输出该列表。

```
students = ['张三','李四', '王五']            #使用[]创建带有元素的 students 列表
print(students)
```

运行结果如下：

```
['张三', '李四', '王五']
```

**思考：** 当向列表中添加字符串时，使用单引号还是双引号？两者之间有什么区别吗？

### 3. 向列表中插入数据

向列表中插入数据的方法主要包括 append、insert 两种方式。

(1) 使用 append 方法向列表中追加元素。

【例 4-2】向 students 列表中追加元素"赵六"。

```
students = ['张三', '李四', '王五']
print('追加前', students)
students.append('赵六')                    #使用 append 方法追加元素
print('追加后', students)
```

运行结果如下：

```
追加前 ['张三', '李四', '王五']
追加后 ['张三', '李四', '王五', '赵六']
```

由上述运行结果可知，"赵六"被添加到列表最末的位置。此处的 append 方法意为"追加"，其特点是将新增的元素追加至列表末尾。

**注意》》**　此操作的执行速度最快，就像排队的时候新来的人直接向后接着排队，并不影响其他人，是真正意义的追加元素。

(2) 使用 insert 方法向列表插入元素。

**【例 4-3】**向 students 列表中分别插入元素"孙七"和"周八"。

```
students = ['张三', '李四', '王五', '赵六']
print('插入孙七前', students)
students.insert(0, '孙七')                    #在索引为 0 的位置插入孙七
print('插入孙七后', students)
print('插入周八前', students)
students.insert(3, '周八')                    #在索引为 3 的位置插入周八
print('插入周八后', students)
```

运行结果如下：

```
插入孙七前 ['张三', '李四', '王五', '赵六']
插入孙七后 ['孙七', '张三', '李四', '王五', '赵六']
插入周八前 ['孙七', '张三', '李四', '王五', '赵六']
插入周八后 ['孙七', '张三', '李四', '周八', '王五', '赵六']
```

insert 意为"插入"。可以看到"孙七"插到了"张三"之前，是整个列表的最前面；"周八"插到了"李四"后面。代码中的 0 和 3 指元素的编号，通常称为**索引**。

学生列表中各元素对应的索引如图 4-1 所示。

| 张三 | 李四 | 王五 | 赵六 | 孙七 | 张三 | 李四 | 王五 | 赵六 | 孙七 | 张三 | 李四 | 周八 | 王五 | 赵六 |
|------|------|------|------|------|------|------|------|------|------|------|------|------|------|------|
| 0 | 1 | 2 | 3 | 0 | 1 | 2 | 3 | 4 | 0 | 1 | 2 | 3 | 4 | 5 |

图 4-1　列表中各元素的索引

students.insert(0, '孙七')的含义为将"孙七"插到 0 号位置，原先 0 号及之后的元素向后顺移；students.insert(3, '周八')的含义为将"周八"插到 3 号位置，原先 3 号及之后的元素向后顺移。

　　**思考一：**执行代码"students.insert(100,'吴九')"，"吴九"会出现在列表的哪个位置？

　　答案：最后 1 个位置。

　　**思考二：**执行代码"students.insert(-2,'郑十')"，"郑十"会出现在列表的哪个位置？

　　答案：倒数第 3 个位置。

**注意》》**　当元素插入后，其位置之后的所有元素都需要进行移动，当数据量较大时会严重降低代码的执行效率。

### 4. 读取列表数据

创建列表后，经常需要访问其中的某一个或某一些元素，Python 中一般通过下标操作符来实现。下标操作符的语法为 **list[index]**，其中 list 为列表对象，index 为索引。

**注意》》**　此处的编号从左至右依次为从 0 开始且加 1 递增，一般称为"索引"。由于从 0 开始，故索引的范围应该是 0 ～ 元素总个数-1。此处的总个数可以通过 Python 内置的 len() 函数来获得，索引范围也可以表示为 0 ～ len(list)-1。

**【例 4-4】** 读取 students 列表中索引为 2 的元素。

```
students = ['孙七', '张三', '李四', '周八', '王五', '赵六']
student = students[2]                #索引为 2 的元素
print(student)
```

运行结果如下：

```
李四
```

**思考**：读取 students 列表中倒数第 2 个元素的代码该怎么写呢？

```
student = students[-2]
```

索引从右往左表示，则范围是-1～-len(列表)。也就是说，列表中的索引有 2 种状态，一种是正索引，表示从左往右数且从 0 开始递增；一种是负索引，表示从右往左数且从-1 开始递减。

### 5. 修改列表数据

和访问列表元素一样，修改列表元素依然通过索引来实现。

**【例 4-5】** 修改 students 列表中的"周八"为"周小八"。

```
students = ['孙七', '张三', '李四', '周八', '王五', '赵六']
print('修改前', students)
students[3] = '周小八'                        #对索引为 3 的数据进行更新
print('修改后', students)
```

运行结果如下：

```
修改前 ['孙七', '张三', '李四', '周八', '王五', '赵六']
修改后 ['孙七', '张三', '李四', '周小八', '王五', '赵六']
```

索引位置为 3 的周八被修改为了周小八，符合题目要求。

### 6. 删除列表数据

删除列表中元素的方法包括以下 3 种：remove、pop、del。

(1) 使用 remove 方法删除指定元素。

**【例 4-6】** 删除 students 列表中的"张三"。

```
students = ['孙七', '张三', '李四', '周八', '王五', '赵六']
print('删除前', students)
students.remove('张三')                #删除列表中的张三
print('删除后', students)
```

运行结果如下：

```
删除前 ['孙七', '张三', '李四', '周八', '王五', '赵六']
删除后 ['孙七', '李四', '周八', '王五', '赵六']
```

**思考**：假设列表中有多个"张三"，使用 remove 方法删除"张三"，结果是删除第一个"张三"还是所有的"张三"？

**【例 4-7】** 删除 students 列表中的重复"张三"，只保留一个"张三"。

```
students = ['孙七', '张三', '李四', '张三', '周八', '王五', '赵六']
```

```
print('删除前', students)
students.remove('张三')
print('删除后', students)
```

运行结果如下：

```
删除前 ['孙七', '张三', '李四', '张三', '周八', '王五', '赵六']
删除后 ['孙七', '李四', '张三', '周八', '王五', '赵六']
```

【例 4-8】删除 numbers 列表中的数字"1"。

```
numbers = [1, 2, 3, 1, 1, 4, 5]
print('删除前', numbers)
numbers.remove(1)
print('删除后', numbers)
```

运行结果如下：

```
删除前 [1, 2, 3, 1, 1, 4, 5]
删除后 [2, 3, 1, 1, 4, 5]
```

提示 >>> remove 方法可以删除符合要求的第 1 个元素。

思考：若删除的元素并不在列表中会怎么样呢？当然会抛出异常！

(2) 使用 del 方法删除指定元素。

【例 4-9】删除 students 列表中的"李四"。

```
students = ['孙七', '张三', '李四', '周八', '王五', '赵六']
print('删除前', students)
del students[2]                              #使用 del 方法删除列表中索引为 2 的元素
print('删除后', students)
```

运行结果如下：

```
删除前 ['孙七', '张三', '李四', '周八', '王五', '赵六']
删除后 ['孙七', '张三', '周八', '王五', '赵六']
```

索引为 2 的"李四"被删除。del 属于 Python 内置的关键字，不能算作是列表的方法。

(3) 使用 pop 方法删除指定元素。

【例 4-10】删除 students 列表中的"周八"。

```
students = ['孙七', '张三', '李四', '周八', '王五', '赵六']
print('pop()删除前', students)
students.pop()
print('pop()删除后', students)                #使用 pop 方法删除默认索引的元素
print('pop(3)删除前', students)               #使用 pop 方法删除索引为 3 的元素
students.pop(3)
print('pop(3)删除后', students)
```

运行结果如下：

```
pop()删除前 ['孙七', '张三', '李四', '周八', '王五', '赵六']
pop()删除后 ['孙七', '张三', '李四', '周八', '王五']
pop(3)删除前 ['孙七', '张三', '李四', '周八', '王五']
pop(3)删除后 ['孙七', '张三', '李四', '王五']
```

> **提示 >>>** pop 方法如果不指定具体索引，则默认删除最后一个元素；如果指定索引，则删除指定索引位置的元素。

**思考：** 如果指定的索引超过实际范围会怎么样呢？抛出异常！

【例 4-11】删除 students 列表中的倒数第 10 个元素。

```python
students = ['孙七', '张三', '李四', '周八', '王五', '赵六']
print('pop(-10)删除前', students)                    #使用 pop 方法删除倒数第 10 个元素
students.pop(-10)
print('pop(-10)删除后', students)
```

运行结果如下：

```
pop(-10)删除前 ['孙七', '张三', '李四', '周八', '王五', '赵六']
Traceback (most recent call last):
    students.pop(-10)
IndexError: pop index out of range
```

运行结果抛出一个 IndexError 类型的错误，报错原因为"pop index out of range"，也就是"**索引越界**"。

【例 4-12】对比 pop、del、remove 3 种删除元素方法的性能。

```python
import random
import time
from copy import deepcopy                        #深复制，防止数据之间相互影响
#使用列表推导式生成拥有 10 万个数据的列表
deal_datas = [random.randint(1, 1000) for x in range(100000)]
deal_datas1 = deepcopy(deal_datas)
deal_datas2 = deepcopy(deal_datas)
deal_datas3 = deepcopy(deal_datas)

start = time.time()
for x in range(100000):
    deal_datas1.pop()
end = time.time()
total = end-start
print("pop()删除 100000 个数据耗时", total)

start = time.time()
for x in deal_datas2:
    del deal_datas2[x]
end = time.time()
total = end-start
print("del 删除 100000 个数据耗时", total)

start = time.time()
for x in deal_datas3:
    deal_datas3.remove(x)
end = time.time()
total = end-start
print("remove 删除 100000 个数据耗时", total)
```

运行结果如下：

```
pop()删除100000个数据耗时 0.009974002838134766
del 删除100000个数据耗时 0.735072135925293
remove 删除100000个数据耗时 2.460418939590454
```

**提示 ≫≫** 从代码运行耗时的角度来分析，pop 方法最快，remove 方法最慢，数据量越大差距越明显。

## 4.1.2　列表内置的常用方法

列表自带了一系列功能强大的方法，包括计数、反转、排序等，下面分别介绍几个方法的使用。

### 1. count 方法

count 意为"计数、总数"，表示统计指定元素的出现次数。

【例 4-13】统计 students 列表中"张三"出现的次数。

```
students = ['孙七', '张三', '李四', '周八', '张三', '王五', '赵六']
print('张三出现了', students.count('张三'), '次')
```

运行结果如下：

```
张三出现了 2 次
```

### 2. extend 方法

extend 意为"扩展、延伸"，是列表追加数据的另一种方式。

【例 4-14】向 students 列表添加 new_students 列表中的所有元素。

```
students = ['孙七', '张三', '李四', '周八',]
new_students = ['王五', '赵六']
students.extend(new_students)
print('扩展后的列表', students)
```

运行结果如下：

```
扩展后的列表 ['孙七', '张三', '李四', '周八', '王五', '赵六']
```

**注意 ≫≫** 此方法会直接将所有元素扩展至列表末尾，并不会创建新的列表。

### 3. index 方法

index 在列表中被理解为索引。

【例 4-15】获取"张三"在 students 列表中的索引。

```
students = ['孙七', '张三', '李四', '周八', '王五', '赵六']
print('张三的索引为', students.index('张三'))
```

运行结果如下：

```
张三的索引为 1
```

### 4. reverse 方法

reverse 意为"颠倒、使反转"，在列表中理解为反向，即使所有元素前后顺序颠倒。

【例 4-16】将 students 列表中的所有元素反向。

```python
students = ['孙七', '张三', '李四', '周八', '王五', '赵六']
students.reverse()
print('反向后的列表', students)
```

运行结果如下：

```
反向后的列表 ['赵六', '王五', '周八', '李四', '张三', '孙七']
```

### 5. sort 方法

sort 意为"分类、种类、排序"，在代码中一般理解为排序。

【例 4-17】对 students 列表中的姓名进行排序。

```python
students = ['孙七', '张三', '李四', '周八', '王五', '赵六']
students.sort()                          #使用 sort 方法对列表进行升序排列
print('排序后的列表(默认升序)', students)
students.sort(reverse=True)              #使用 sort 方法对列表进行降序排列
print('排序后的列表(改为降序)', students)
```

运行结果如下：

```
排序后的列表(默认升序) ['周八', '孙七', '张三', '李四', '王五', '赵六']
排序后的列表(改为降序) ['赵六', '王五', '李四', '张三', '孙七', '周八']
```

对于字符串来说，排序后的结果并不直观，可以换成数字试试。

【例 4-18】对 numbers 列表中的数字进行排序。

```python
numbers = [1, 3, 2, 1, 5, 4, 9]
numbers.sort()
print('排序后的列表(默认升序)', numbers)
numbers.sort(reverse=True)
print('排序后的列表(改为降序)', numbers)
```

运行结果如下：

```
排序后的列表(默认升序) [1, 1, 2, 3, 4, 5, 9]
排序后的列表(改为降序) [9, 5, 4, 3, 2, 1, 1]
```

注意 »»  列表内容原地修改，并不会生成新的列表。

### 6. clear 方法

clear 理解为清空。

【例 4-19】清空 numbers 列表中的所有元素。

```python
numbers = [1, 3, 2, 1, 5, 4, 9]
numbers.clear()
print('清空后的列表', numbers)
```

运行结果如下：

清空后的列表 []

### 7. copy 方法

copy 意为"复制"。复制又分为浅复制和深复制，后面的章节会进行介绍。

【例 4-20】复制 old_numbers 列表并生成新列表。

```
old_numbers = ['孙七', '张三', '李四', '周八', '王五', '赵六']
new1_numbers = old_numbers
new2_numbers = old_numbers.copy()              #对列表进行复制
new1_numbers.pop(2)
new2_numbers.pop(3)
print('old_numbers', old_numbers)
print('new1_numbers', new1_numbers)
print('new2_numbers', new2_numbers)
```

运行结果如下：

```
old_numbers ['孙七', '张三', '周八', '王五', '赵六']
new1_numbers ['孙七', '张三', '周八', '王五', '赵六']
new2_numbers ['孙七', '张三', '李四', '王五', '赵六']
```

思考：old_numbers 和 new1_numbers 的内容为什么会相同？

## 4.1.3　作用于列表的其他函数

除了列表自带的方法，Python 也为列表提供了其他函数，举例如下。

### 1. reversed 函数

reversed 函数的本质和 list.reverse 一样，用来将列表中的所有元素反向。

【例 4-21】将 old_numbers 列表中的所有元素反向。

```
old_numbers = [1, 3, 2, 1, 5, 4, 9]
new_numbers = reversed(old_numbers)
print('反向前的列表', old_numbers)
print('反向后的列表', new_numbers)
print('反向后的列表', list(new_numbers))
```

运行结果如下：

```
反向前的列表 [1, 3, 2, 1, 5, 4, 9]
反向后的列表<list_reverseiterator object at 0x000002153D74C438>
反向后的列表 [9, 4, 5, 1, 2, 3, 1]
```

提示 》》》 reverseiterator 意为"反向迭代器"。

### 2. sorted 函数

sorted 函数的本质和 list.sort 一样，用来对列表中的元素进行排序。

【例 4-22】对 old_numbers 列表中的所有元素进行排序。

```
old_numbers = [1, 3, 2, 1, 5, 4, 9]
new_numbers = sorted(old_numbers)
print('排序前的列表', old_numbers)
print('排序后的列表', new_numbers)
```

运行结果如下：

```
排序前的列表 [1, 3, 2, 1, 5, 4, 9]
排序后的列表 [1, 1, 2, 3, 4, 5, 9]
```

### 3. zip 函数

zip 函数用于压缩。

【例 4-23】对 students、ages、sexs 这 3 个列表进行"压缩"。

```
students = ['张三', '李四', '王五']
ages = [35, 40, 29, 30]
sexs = ['男', '女', '保密']
print('压缩姓名和年龄', zip(students, ages))
print('压缩姓名和年龄', list(zip(students, ages)))     #将压缩后的数据转换为列表类型
print('压缩姓名、年龄和性别', zip(students, ages, sexs))
print('压缩姓名、年龄和性别', list(zip(students, ages, sexs)))
```

运行结果如下：

```
压缩姓名和年龄<zip object at 0x00000150FC683B08>
压缩姓名和年龄 [('张三', 35), ('李四', 40), ('王五', 29)]
压缩姓名、年龄和性别<zip object at 0x00000150FC683B08>
压缩姓名、年龄和性别 [('张三', 35, '男'), ('李四', 40, '女'), ('王五', 29, '保密')]
```

注意》》》 如果压缩的列表长度不一致，则压缩后的列表与长度最短的列表长度一致。

### 4. enumerate 函数

enumerate 简称 enum，意为"枚举"，表示将列表中的每个元素以元组的形式表示并加上编号，最终生成一个新的列表。

【例 4-24】对 students 列表进行"枚举"。

```
students = ['张三', '李四', '王五']
print('枚举列表中的所有元素', enumerate(students))
print('枚举列表中的所有元素', list(enumerate(students)))
```

运行结果如下：

```
枚举列表中的所有元素<enumerate object at 0x000001684884D3F0>
枚举列表中的所有元素 [(0, '张三'), (1, '李四'), (2, '王五')]
```

### 5. max 函数

max 属于数学用语，指提取指定范围内的最大的一个数字。

【例 4-25】获取 numbers 列表中的最大值。

```
numbers = [1, 3, 2, 1, 5, 4, 9]
```

```
print('列表中的最大值', max(numbers))
```

运行结果如下：

列表中的最大值 9

### 6. min 函数

min 同 max 一样也属于数学用语，指提取指定范围内的最小的一个数字。

【例 4-26】获取 numbers 列表中的最小值。

```
numbers = [1, 3, 2, 1, 5, 4, 9]
print('列表中的最小值', min(numbers))
```

运行结果如下：

列表中的最小值 1

### 7. sum 函数

sum 意为"求和"，用于计算指定元素的总和。

【例 4-27】对 numbers 列表中的所有数据求和。

```
numbers = [1, 3, 2, 1, 5, 4, 9]
print('列表中元素的和', sum(numbers))
```

运行结果如下：

列表中元素的和 25

## 4.1.4　列表推导式

推导式又称生成式或解析式，是 Python 独有的一种特性，可以从一个或多个迭代器中快速创建一种新序列，结合循环和条件判断可以有效避免冗长的代码，效率高且简约优雅。其语法格式如下。

新序列 = [表达式 for 变量 in 可遍历的类型 if 筛选条件]

---

提示 》》 推导式中的"if 筛选条件"不是必选项，可以根据情况灵活使用。

---

创建一个列表，名为 numbers，向列表中填充 1～20 之间的所有偶数。

```
numbers = [x for x in range(1, 21) if x % 2 == 0]
print(numbers)
```

运行结果如下：

[2, 4, 6, 8, 10, 12, 14, 16, 18, 20]

由上述运行结果可知，返回的是列表形式，通过 if 条件过滤出来的都是 2 的倍数。

## 4.1.5　列表应用

前面已经对列表有一个大概的介绍，下面将对列表常用的方法进行综合练习。

【例 4-28】根据要求完成代码的编写。

(1) 创建一个列表，名为 students，用于保存学生姓名，默认为空。

(2) 使用 append 方法，向 students 中添加"张三""李四""王五"3 个字符串。

(3) 使用 insert 方法，向 students 中的第 2 个位置插入"赵六"，最后一个位置插入"孙七"。

(4) 使用索引修改第 2 名学生的名字为"李小三"。

(5) 创建一个列表，名为 numbers，使用列表推导式为所有学生生成学号，要求格式为 001、002、003 等。

(6) 创建一个列表，名为 ages，默认填充若干年龄信息，依次为 20、25、18、30、16。

(7) 使用推导式，获取并输出姓名以三结尾的学生的姓名。

(8) 输出年龄最大的学生的姓名。

(9) 计算所有学生的年龄平均值。

(10) 删除年龄最小的学生的姓名。

(11) 清空所有列表的内容。

对应的完整代码如下。

```
#(1)
students = []
students = list()
print(' (1)初始 students 列表', students)
#(2)
students.append('张三')
students.append('李四')
students.append('王五')
print(' (2)添加学生姓名', students)
#(3)
students.insert(2, '赵六')
students.insert(-1, '孙七')
print(' (3)插入学生姓名', students)
#(4)
students[1] = '李小三'
print(' (4)修改第 2 名学生的姓名', students)
#(5)
numbers = ['%03d' % x for x in range(1, len(students) + 1)]
print(' (5)生成学号', numbers)
#(6)
ages = [20, 25, 18, 30, 16]
print(' (6)初始年龄列表', ages)
#(7)
print(' (7)查询以三结尾的学生姓名', [x for x in students if x.endswith('三')])
#(8)
max_age = max(ages)
max_age_index = ages.index(max_age)
max_age_name = students[max_age_index]
print(' (8)年龄最大的学生姓名为', max_age_name)
```

```
#(9)
sum_age = sum(ages)
avg_age = sum_age/len(ages)
print(' (9)年龄平均值为', avg_age)
#(10)
min_age = min(ages)
min_age_index = ages.index(min_age)
students.pop(min_age_index)
print(' (10)删除年龄最小的学生姓名', students)
#(11)
students.clear()
ages.clear()
numbers.clear()
print(' (11)清空完毕', students, ages, numbers)
```

运行结果如下：

```
(1)初始 students 列表 []
(2)添加学生姓名 ['张三', '李四', '王五']
(3)插入学生姓名 ['张三', '李四', '赵六', '孙七', '王五']
(4)修改第 2 名学生的姓名 ['张三', '李小三', '赵六', '孙七', '王五']
(5)生成学号 ['001', '002', '003', '004', '005']
(6)初始年龄列表 [20, 25, 18, 30, 16]
(7)查询以三结尾的学生姓名 ['张三', '李小三']
(8)年龄最大的学生姓名为孙七
(9)年龄平均值为 21.8
(10)删除年龄最小的学生姓名 ['张三', '李小三', '赵六', '孙七']
(11)清空完毕 [] [] []
```

# 4.2　元组

元组也是一种"容器"类型，其特点是一旦定义就不能被修改，学习过程与列表类似。

## 4.2.1　元组的基础操作

元组的基本操作主要包括创建带有元素的元组、元素的增、删、改、读等操作。

### 1. 创建空元组

元组的创建方法有以下 2 种。
(1) 使用元组自身的构造方法来创建，代码如下。

```
students = tuple()
```

(2) 使用"字面量"写法，用()来表示元组，代码如下。

```
students = ()
```

提示 »» 上述的两种写法生成的元组被称为**空元组**，但是几乎不会用到。

### 2. 创建带有元素的元组

元组的创建方法和列表的创建方法类似，语法格式如下。

```
students = tuple(['张三', '李四', '王五'])
students = ('张三', '李四', '王五')
students = '张三', '李四', '王五'
```

注意 》》 如果元组中只有一个元素"张三"，那么必须写成 students = ('张三', )，后面的逗号必不可少，否则它就不再是一个元组，而是这个元素本身的类型。

### 3. 向元组中插入数据

注意 》》 元组不支持插入操作！

### 4. 读取元组数据

读取元组中的元素时需要使用"[索引]"的方式，如例 4-29 所示。

【例 4-29】读取 students 元组中索引为 2 的元素。

```
students = ('张三', '李四', '王五')
student = students[2]
print('索引为 2 的姓名为', student)
```

运行结果如下：

索引为 2 的姓名为王五

### 5. 修改元组数据

**元组是不可变类型，列表是可变类型！**一旦元组被创建，就不再允许被修改。由于它的不可修改特性，一般在调用函数时可以通过元组来传递参数，用于防止有人企图在函数逻辑中篡改参数的内容，因此元组相对于列表而言更安全。

说明：函数将在第 6 章中进行讲解。

【例 4-30】修改 students 元组中的第 0 个元素为"张小三"。

```
students = ('张三', '李四', '王五')
students[0] = '张小三'
print('企图修改元组的元素内容', students)
```

运行结果如下：

```
Traceback (most recent call last):
  File "<stdin>", line 1, in <module>
TypeError: 'tuple' object does not support item assignment
```

由上述运行结果可知，无法直接修改元组中不可变类型的元素。

【例 4-31】向 students 元素中的列表后面添加元素"孙七"。

```
students = ('张三', '李四', ['王五', '赵六'])
```

```
students[2].append('孙七')
print('企图修改元组的可变类型元素内容', students)
```

运行结果如下：

企图修改元组的可变类型元素内容 ('张三', '李四', ['王五', '赵六', '孙七'])

由上述运行结果可知，元组中的列表新增了"孙七"这个元素。

**注意 ≫** 元组的不可修改特性指的是不允许对元组中的元素进行添加、删除、赋值操作。

## 4.2.2 元组的组包与拆包

当给一个变量赋值时，如果"="号右侧有多个值且用逗号隔开，则会将所有元素自动组装为一个元组，也就是组包。例如，"students = '张三','李四','王五'"的写法就是组包。

拆包与组包相反，就是将一个整体拆分成若干个部分，然后分别赋值给不同的变量。

**【例 4-32】** 将"张三""男""25"进行组包和拆包。

```
infos = ('张三', '男', 25)        #组包
name, sex, age = infos           #拆包
print('姓名为', name)
print('性别为', sex)
print('年龄为', age)
```

运行结果如下：

姓名为张三
性别为男
年龄为 25

**注意 ≫** 拆包时"="号左侧的变量数量要和"="号右侧的拆解个数保持一致，否则可能会报错。

**【例 4-33】** 将包含"张三"的元组拆包。

```
infos = ('张三', )
name, sex = infos
print('姓名为', name)
print('性别为', sex)
```

运行结果如下：

```
Traceback (most recent call last):
    name, sex = infos
ValueError: not enough values to unpack (expected 2, got 1)
```

报错原因为"期望 2 个返回值，但只得到了 1 个"，理解为拆包与组包的数量不一致。可以使用"*"号表达式(starred expressions)来解决数量不一致的问题。

**【例 4-34】** 使用星号表达式接收 infos 元组中的数据。

```
infos = ('张三', '男', 20)
name, *other = infos
print('姓名为', name)
print('其他为', other)
```

运行结果如下：

姓名为张三
其他为 ['男', 20]

**注意 >>>** "*" 号只能加到某一个变量之前，用来表示忽略多余的元素。

### 4.2.3 元组和列表的区别

元组和列表之间的区别如表 4-1 所示。

表 4-1  列表和元组的区别

| 类型 | 可变性 | 相同点 | 安全性 | 访问速度 |
|---|---|---|---|---|
| 列表(list) | 可变类型，可以增、删、改 | 都是容器类型，有序、可以 | 低 | 慢 |
| 元组(tuple) | 不可变类型，一旦定义就不可更改 | 互相转换 | 高 | 快 |

# 4.3  字典

字典(dict)来自于 dictionary 单词的缩写，意为"键(key)和值(value)的组合体"，也称为键值对。本节将介绍 Python 中字典的相关用法。

### 4.3.1 创建字典

创建字典的方法有 2 种，即创建空字典和创建带有元素的字典。

**1. 创建空字典**

(1) 使用字典自身的构造方法来创建，代码如下。

```
info = dict()
```

(2) 使用字面量{}来表示空字典，代码如下。

```
info = {}
```

**2. 创建带有元素的字典**

在 Python 中，字典中的键值对一般需要用冒号隔开并以逗号结尾。

【例 4-35】通过键值对创建 info 字典。

```
info = dict({
    '姓名': '张三',
    '年龄': 25,
    '性别': '男',
})
```

通过字面量创建字典，代码如下。

```
info = {
    '姓名': '张三',
    '年龄': 25,
    '性别': '男',
}
```

通过关键字创建字典，代码如下。

```
info = dict(
    姓名='张三',
    年龄=25,
    性别='男',
)
```

通过 fromkeys 创建字典，代码如下。

```
info = dict.fromkeys('abcd', '1')
```

**注意 》》》** 字典中的 key 要求是**不可变类型**，包括但不限于字符串、元组等。

## 4.3.2　字典的基本操作

字典类型的操作相对较简单，包括增、删、改、读 4 个操作。

### 1. 插入/更新字典中的数据

字典中的添加数据和更新数据的方法是一样的，通过"字典变量[key] = value"的形式来实现。如果 key 不存在，则表示添加数据；如果 key 存在，则表示更新数据。

【例 4-36】向 info 字典中更新年龄并添加手机号。

```
info = {
    '姓名': '张三',
    '年龄': 25,
    '性别': '男',
}
print('添加/更新前', info)
info['手机号'] = '13512345678'
info['年龄'] = 30
print('添加/更新后', info)
```

运行结果如下：

```
添加/更新前 {'姓名': '张三', '年龄': 25, '性别': '男'}
添加/更新后 {'姓名': '张三', '年龄': 30, '性别': '男', '手机号': '13512345678'}
```

也可以通过字典内置的 update 方法进行批量添加/更新操作。

【例 4-37】向 info 字典中更新姓名并添加手机号。

```
info = {
    '姓名': '张三',
    '年龄': 25,
    '性别': '男',
}
```

```
other = {
    '姓名': '张小三',
    '年龄': 50,
    '手机': '13512345678'
}
print('批量添加/更新前', info)
info.update(other)
print('批量添加/更新后', info)
```

运行结果如下：

```
批量添加/更新前 {'姓名': '张三', '年龄': 25, '性别': '男'}
批量添加/更新后 {'姓名': '张小三', '年龄': 50, '性别': '男', '手机': '13512345678'}
```

### 2. 读取字典中的数据

通过"字典变量[key]"的形式进行数据的访问，根据指定的 key 返回对应的 value。

【例 4-38】根据"姓名"读取对应的 value。

```
info = {
    '姓名': '张三',
    '年龄': 25,
    '性别': '男',
}
key = '姓名'
value = info[key]
print('key 为', key)
print('value 为', value)
```

【例 4-39】更安全地访问 info 字典中的"手机号"。

```
key = '手机号'
value1 = info.get(key)
value2 = info.get(key, '没有手机号')
print('key 为', key)
print('value1 为', value1)
print('value2 为', value2)
```

运行结果如下：

```
key 为手机号
value1 为 None
value2 为没有手机号
```

注意 ≫  推荐使用"字典变量.get(key, 默认值)"方式来读取数据。该写法的特点是如果 key 存在，
则返回对应的 value；如果 key 不存在，则返回默认值；如果没有指定默认值，则返回 None。

字典类型内部还自带了 3 个方法用于获取更多的数据，如 items、keys、values 等。

【例 4-40】使用字典中的内置方法。

```
info = {
    '姓名': '张三',
    '年龄': 25,
```

```
        '性别': '男',
    }
print('所有的 keys', info.keys())
print('所有的 values', info.values())
print('所有的 items', info.items())
```

运行结果如下：

```
所有的 keys dict_keys(['姓名', '年龄', '性别'])
所有的 values dict_values(['张三', 25, '男'])
所有的 items dict_items([('姓名', '张三'), ('年龄', 25), ('性别', '男')])
```

由上述运行结果可知，items 可以将字典的键值对以元组的形式进行返回，其他两个方法作用已经很明显，本节不再阐述。

### 3. 删除字典中的数据

字典的删除方法与列表类似，即通过 pop 和 del 两种方法进行删除。

【例 4-41】使用 pop 方法删除 info 字典中的"性别"。

```
info = {
    '姓名': '张三',
    '年龄': 25,
    '性别': '男',
}
print('删除前', info)
info.pop('性别')
print('删除后', info)
```

运行结果如下：

```
删除前 {'姓名': '张三', '年龄': 25, '性别': '男'}
删除后 {'姓名': '张三', '年龄': 25}
```

【例 4-42】使用 pop 方法更安全地删除 info 字典中的"手机"。

```
info = {
    '姓名': '张三',
    '年龄': 25,
    '性别': '男',
}
key = '手机'
if key in info:
    info.pop(key)
    print('删除成功', info)
else:
    print('删除失败', info)
```

运行结果如下：

```
删除失败 {'姓名': '张三', '年龄': 25, '性别': '男'}
```

【例 4-43】使用 del 方法更安全地删除 info 字典中的"姓名"。

```
info = {
```

```
    '姓名': '张三',
    '年龄': 25,
    '性别': '男',
}
key = '姓名'
if key in info:
    del info[key]
    print('删除成功', info)
else:
    print('删除失败', info)
```

运行结果如下:

删除成功 {'年龄': 25, '性别': '男'}

### 4.3.3 字典推导式

和列表类型一样,字典也可以通过推导式的形式快速生成。

```
info = {key: value for key, value in [('张三', 20), ('李四', 15)]}
print('字典推导式', info)
```

运行结果如下:

字典推导式 {'张三': 20, '李四': 15}

**注意 》》》** 不管是列表推导式,还是字典推导式,实现的逻辑功能有限,无法实现复杂的代码逻辑。

## 4.4 集合

集合是一组无序且元素不能重复的类型,其用法和列表、元组类似。因为其是无序的,所以无法通过索引的方式进行访问,它的主要用途是对数据进行去重。本节将介绍集合的具体用法。

### 4.4.1 集合的基础操作

使用 set 函数创建集合,集合的常用操作主要包括集合的创建和元素的增、删、读等。

#### 1. 创建空集合

(1) 使用集合自身的构造方法来创建空集合,代码如下。

```
info = set()
```

(2) 使用字面量{}来表示空集合,代码如下。

```
info = {}
```

**提示 》》》** 空集合的字面量写法和空字典的字面量写法相同,而 Python 默认会将{}认定为是字典,所以空集合不能使用字面量的形式来创建。

### 2. 创建带有元素的集合

集合中只能存放字符串、数字、元组等不可变类型的数据，数据与数据之间用逗号隔开。
创建带有数据的集合，代码如下。

```
info = set({'张三', 20, '河南'})
```

通过字面量创建集合，代码如下。

```
info = {'张三', 20, '河南'}
```

如果集合中添加了可变数据类型会怎么样呢？

```
info = set({'张三', [20, ], '河南'})
```

运行结果如下：

```
Traceback (most recent call last):
    info = set({'张三', [20, ], '河南'})
TypeError: unhashable type: 'list'
```

**提示 ≫≫** 错误提示中的 unhashable 意为**不可哈希类型**，简单来说就是可变类型都是不可哈希类型；相反的，不可变类型都是可哈希类型。

### 3. 向集合中插入数据

集合主要通过 add 和 update 两个方法进行数据的添加。
**【例 4-44】**使用 add 方法向 info 集合中添加"王五"。

```
info = {'张三', '李四'}
print('集合添加前', info)
info.add('王五')
print('集合添加后', info)
```

运行结果如下：

```
集合添加前 {'李四', '张三'}
集合添加后 {'李四', '张三', '王五'}
```

也可以通过 update 方法批量添加元素。
**【例 4-45】**使用 update 方法向 info 集合中批量添加"王五""赵六""张三"。

```
info = {'张三', '李四'}
print('批量添加前', info)
other = {'王五', '赵六', '张三'}
info.update(other)
print('批量添加后', info)
```

运行结果如下：

```
批量添加前 {'张三', '李四'}
批量添加后 {'赵六', '李四', '张三', '王五'}
```

由上述运行结果可知，集合的特点是可变、无序且数据互不重复。

update 方法中除了使用集合作为参数，也可以使用列表、元组、字符串等类型，代码类似，这里不再阐述。

### 4. 读取集合中的数据

集合类型并不能直接读取某个数据，只能借助循环遍历的方式读取所有数据。

【例 4-46】循环遍历集合 numbers 中的内容。

```python
numbers = {1, 2, 3, 'a', 'b', 'c'}
print(numbers)
for number in numbers:
    print(number)
```

注意 >>> 集合不能通过索引读取数据，因为它是无序的！

### 5. 修改集合中的数据

注意 >>> 集合保存的都是不可变类型的元素，不支持修改操作！

### 6. 删除集合中的数据

删除集合中的数据时，可以使用 remove 方法或 discard 方法进行删除。

【例 4-47】remove 和 discard 的区别。

```python
info = {'张三', '李四', '王五', '赵六'}
print('使用 discard 方法删除前', info)
info.discard('李四')
print('使用 discard 方法删除后', info)
print('使用 remove 方法删除前', info)
info.remove('赵六')
print('使用 remove 方法删除后', info)
```

运行结果如下：

```
使用 discard 方法删除前 {'张三', '赵六', '李四', '王五'}
使用 discard 方法删除后 {'张三', '赵六', '王五'}
使用 remove 方法删除前 {'张三', '赵六', '王五'}
使用 remove 方法删除后 {'张三', '王五'}
```

如果要删除的字段不存在呢？

```python
info = {'张三', '李四', '王五', '赵六'}
print('使用 discard 方法删除前', info)
info.discard('李四1')
print('使用 discard 方法删除后', info)
print('使用 remove 方法删除前', info)
info.remove('赵六1')
print('使用 remove 方法删除后', info)
```

运行结果如下：

```
使用 discard 方法删除前 {'赵六', '李四', '王五', '张三'}
```

```
使用discard方法删除后 {'赵六', '李四', '王五', '张三'}
使用remove方法删除前 {'赵六', '李四', '王五', '张三'}
Traceback (most recent call last):
    info.remove('赵六1')
KeyError: '赵六1'
```

**注意 》》》** remove 和 discard 唯一的区别就是，当删除的元素不存在时，remove 会抛出异常。

### 4.4.2 集合推导式

和列表的推导式几乎一样，区别就是将[]换成了{}而已，语法格式如下。

集合变量 ={表达式 for 变量 in 可遍历的类型 if 筛选条件}

**【例 4-48】** 对 students 列表中的元素进行去重。

```
students = ['张三', '李四', '张三', '王五']
print('原始数据', students)
info = set(students)
print('处理后的数据', info)
```

运行结果如下：

```
原始数据 ['张三', '李四', '张三', '王五']
处理后的数据 {'王五', '张三', '李四'}
```

# 4.5 切片的使用

在 Python 中，切片是对序列型对象(如 list、tuple)的一种高级索引方法。借助切片技术，可以按照指定规则截取一部分元素，其语法格式如下。

子序列 = 序列[start:end:step]

**提示 》》》** start 表示开始位置的下标，end 表示结束位置的下标，step 表示步长且默认为 1，返回一个列表片段。

### 4.5.1 字符串切片

字符串中的每个字符对应的索引值从前往后数其值从 0 开始依次+1；从后往前数是从-1 开始依次-1，如图 4-2 所示。

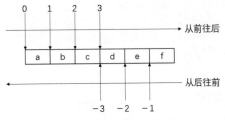

图 4-2 字符串的索引顺序

**【例4-49】** 使用切片对 sentence 字符串进行读取。

```
sentence = 'abcdef'
print('原始数据', sentence)
print('start=2,step=1', sentence[2:])
print('start=-1,step=1', sentence[-2:])
print('start=2,end=4,step=1', sentence[2:4])
print('start=-4,end=-2,step=1', sentence[-4:-2])
print('start=2,end=40,step=1', sentence[2:40])
print('start=-20,end=-1,step=1', sentence[-20:-1])
print('start=0,end=2,step=1', sentence[:2])
print('start=0,end=-2,step=1', sentence[:-2])
print('start=1,end=4,step=2', sentence[1:4:2])
print('start=0,step=2', sentence[:])
print('start=0,step=-1', sentence[::-1])
```

运行结果如下：

```
原始数据 abcdef
start=2,step=1 cdef
start=-1,step=1 ef
start=2,end=4,step=1 cd
start=-4,end=-2,step=1 cd
start=2,end=40,step=1 cdef
start=-20,end=-1,step=1 abcde
start=0,end=2,step=1 ab
start=0,end=-2,step=1 abcd
start=1,end=4,step=2 bd
start=0,step=2 abcdef
start=0,step=-1 fedcba
```

## 4.5.2 列表切片

列表的切片同字符串切片类似，只不过变量类型从字符串变为了列表而已。

**【例4-50】** 使用切片访问 students 列表中的元素。

```
students = ['孙七', '张三', '李四', '周八', '王五', '赵六']
print('start为1', students[1:])
print('end为3', students[:3])
print('start为1且end为3', students[1:3])
print('start为1且end为30', students[1:30])
print('start为3且end为1', students[3:1])
print('start为-3', students[-3:])
print('start为-3且end为-1', students[-3:-1])
print('start为-1且end为-3', students[-1:-3])
print('start为-5且end为-30', students[-5:-30])
print('start和end均不填', students[:])
```

运行结果如下：

```
start为1 ['张三', '李四', '周八', '王五', '赵六']
end为3 ['孙七', '张三', '李四']
```

```
start 为 1 且 end 为 3 ['张三', '李四']
start 为 1 且 end 为 30 ['张三', '李四', '周八', '王五', '赵六']
start 为 3 且 end 为 1 []
start 为-3 ['周八', '王五', '赵六']
start 为-3 且 end 为-1 ['周八', '王五']
start 为-1 且 end 为-3 []
start 为-5 且 end 为-30 []
start 和 end 均不填 ['孙七', '张三', '李四', '周八', '王五', '赵六']
```

### 4.5.3 切片的特点

切片中的 start 和 end 既可以为正数，也可以为负数，甚至不填，其特点如下。

(1) 如果 start 不写，则默认从 0 开始。

(2) 如果 end 不写，则默认到最后结束。

(3) 如果 start 和 end 都写，则从 start 开始，到 end-1 结束。

(4) 如果 start 和 end 都不写，则表示**复制**。复制的意思是创建一个全新的变量，且内容和原始数据一模一样。

(5) 如果 start>=end，则返回空。

(6) 如果 start 越界或 end 越界，均不会抛出异常。

(7) 如果 start 和 end 都不写，且步长设置为-1，则表示反向。

## 4.6 案例：用户管理系统

随着互联网的发展，各行业已进入信息时代，数字技术的快速发展衍生出数字经济，如在线支付平台、疫情期间的大数据分析等，而用户管理系统几乎是所有软件必备的功能，如支付宝、QQ、抖音、新浪微博等。只有用户进行了登录，才能够进行相应的个性化操作。

本节要实现的是对用户信息的一个基本管理流程，包括查询、删除、创建等操作。该程序将使用本章学习的列表为主要容器类型，结合 for 循环、while 循环、if 分支等结构，还有输出语句、格式化字符串、数据输入等知识进行实现。

【例 4-51】用户管理系统。

```python
users, passwds = ['root'], ['admin']
user = input("输入你的登录用户名: ")
passwd = input("输入你的登录密码: ")
choice = ""
if user == users[0] and passwd == passwds[0]:
    while True:
        print("""******用户管理系统******\n1-添加用户信息\n2-删除用户信息\n3-查看用户信息\n4-退出""")
        if not choice:
            choice = input("请输入要做的操作: ")
        if choice.isdigit():
            if choice == '1':
                print("添加用户信息".center(50, "*"))
                new_user = input("请输入要添加的用户名: ")
                if new_user in users:
```

```
                            print("用户已存在，请重新输入！")
                            choice = "1"
                        else:
                            new_passwd1 = input("请输入用户密码：")
                            new_passwd2 = input("请输入用户确认密码：")
                            if new_passwd1 and new_passwd1 == new_passwd2:
                                print(f"添加{new_user}成功".center(20, '*'))
    users.append(new_user)
    passwds.append(new_passwd1)
                                choice = ''
                            else:
                                print("密码有误！请检测是否输入密码或两个密码是否一致")
                                choice = "1"
                elif choice == '2':
                    print('删除用户信息'.center(50, "*"))
                    del_user = input('请输入要删除的用户名称：')
                    if del_user not in users:
                        print('删除的用户不存在！重新输入！')
                        choice = '2'
                    elif del_user == users[0]:
                        print('不能删除管理员账户！请重新输入')
                        choice = '2'
                    else:
                        idx = users.index(del_user)
                        users.pop(idx)
                        passwds.pop(idx)
                        print('删除成功！')
                        choice = ''
                elif choice == '3':
                    print("查看用户信息".center(50, '*'))
                    for idx,(use,psw) in enumerate(zip(users, passwds)):
                        print(f"编号{idx+1},用户名{use},密码{psw}")
                    choice = ''
                elif choice == '4':
                    break
                else:
                    print("您所需要的功能在开发中，请重新选择！")
                    choice = ''
            else:
                print("输入错误！请重新输入！")
    print("感谢使用本系统！期待您的下次使用！".center(50, "*"))
```

本案例具有的功能主要包括：超级管理员登录、添加普通用户、删除用户、查看用户、退出等 5 个功能，具体流程如图 4-3 所示。

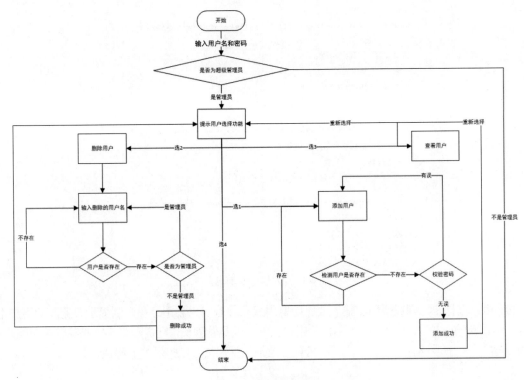

图 4-3　用户管理系统的流程图

(1) 设定管理员用户名为 root，密码为 admin，其具有最高权限，只有他可以进行用户的管理操作，且其不能被删除。

(2) 如果登录的是管理员，则界面提示所有功能，如图 4-4 所示；如果不是管理员，则提示登录失败，如图 4-5 所示。

输入你的登录用户名：*root*
输入你的登录密码：*admin*
★★★★★★用户管理系统★★★★★★
1-添加用户信息
2-删除用户信息
3-查看用户信息
4-退出
请输入要做的操作：

图 4-4　管理员登录成功

输入你的登录用户名：*zhangsan*
输入你的登录密码：*zhangsan*
登录失败！请联系客服！

图 4-5　管理员登录失败

(3) 用户选择 1，则提醒用户输入新增的用户名和密码。若用户名不存在且密码无误，则提示"添加 xxx 成功"，如图 4-6 所示；若用户名存在，则提示"用户已存在，请重新输入！"，如图 4-7 所示；若密码为空或密码与确认密码不一致，则提示"密码有误！请检测是否输入密码或两个密码是否一致"，如图 4-8 所示。

```
请输入要做的操作：1
********************添加用户信息********************
请输入要添加的用户名：zhangsan
请输入用户密码：zhangsan
请输入用户确认密码：zhangsan
****添加zhangsan成功****
```

图4-6　添加用户成功

```
********************添加用户信息********************
请输入要添加的用户名：zhangsan
用户已存在，请重新输入！
```

图4-7　用户名已存在

```
********************添加用户信息********************
请输入要添加的用户名：lisi
请输入用户密码：zhangsan
请输入用户确认密码：lisi
密码有误！请检测是否输入密码或两个密码是否一致
```

图4-8　用户的密码有问题

(4) 用户选择 2，则提醒用户输入要删除的用户名。若用户名不存在，则提示"删除的用户不存在！请重新输入！"，如图 4-9 所示；若用户名存在但是管理员，则提示"不能删除管理员账户！请重新输入"，如图 4-10 所示；若用户名存在但不是管理员，则提示"删除成功！"，如图 4-11 所示。

```
********************删除用户信息********************
请输入要删除的用户名称：zhaoliu
删除的用户不存在！请重新输入！
```

图4-9　删除用户失败

```
********************删除用户信息********************
请输入要删除的用户名称：root
不能删除管理员账户！请重新输入
```

图4-10　删除管理员

```
********************删除用户信息********************
请输入要删除的用户名称：zhangsan
删除成功！
```

图4-11　删除用户成功

(5) 用户选择 3，输出当前所有的用户名和密码，且自动加编号，如图 4-12 所示。

```
********************查看用户信息********************
编号1,用户名root,密码admin
编号2,用户名lisi,密码lisi
```

图4-12　查看所有用户

(6) 用户选择 4，提示"感谢使用本系统！期待您的下次使用！"并直接退出程序，如图 4-13 所示。

```
请输入要做的操作：4
****************感谢使用本系统！期待您的下次使用！****************
```

图4-13　退出系统

# 本章小结

本章介绍了 Python 中常用的高级数据结构，包括可变类型列表、字典、集合，不可变类型元组；详细介绍了各类型的特点、作用、常用方法，包括创建方法、数据的增/删/改/读方法、各类型内置的方法，以及切片等技术。同时本章还通过一个上机案例让读者对本章的知识点进行实践练习，为后续学习更高难度的知识铺垫。

# 思考与练习

## 一、单选题

1. 创建列表时，对应的字面量写法是(　　)。
   A. [ ]　　　　　　B. { }　　　　　　C. ( )　　　　　　D. <>

2. 读取列表元素时，倒数第 2 个元素对应的索引是(　　)。
   A. 2　　　　　B. –2　　　　　C. 3　　　　　D. –3

3. 在列表自带的方法中，(　　)方法可以统计列表中存放的元素个数。
   A. sum　　　　B. counter　　　　C. number　　　　D. count

4. 在本章中，Index 翻译为(　　)。
   A. 顺序　　　　B. 位置　　　　C. 索引　　　　D. 首页

5. 使用 pop 方法删除列表的元素时，默认删除的是(　　)。
   A. 第 0 个元素　　　　　　　　B. 第 1 个元素
   C. 随机 1 个元素　　　　　　　D. 最后一个元素

6. 假如 1 个列表中只有 5 个元素，那么元素的索引最大为(　　)。
   A. 5　　　　　B. 4　　　　　C. 6　　　　　D. 7

## 二、多选题

1. Python 的可变类型包括(　　)。
   A. list　　　　B. tuple　　　　C. dict　　　　D. set

2. 列表可以通过下列(　　)方式添加元素。
   A. insert　　　　B. append　　　　C. extend　　　　D. +

3. 下列(　　)类型可以作为字典的 key。
   A. 字符串　　　B. 数字　　　C. 元组　　　D. 列表

4. 现有字典变量 a={'name': '张三'}，若想获取 "张三" 这个内容，则写法可以是(　　)。
   A. name=a['name']　　　　　　B. name=a.pop('name')
   C. name=a.get('name')　　　　　D. del a['name']

## 三、填空题

1. 在 Python 中，设有 pages=[1, 2, 3, 4, 5]，则 pages[1]的值为 _____；pages[2:2]的值为_____；pages[-3:]的值为_____；pages[4:2]的值为_____；pages[1::2]的值为_____；pages[::-1]的值为_____。

2. 列表的 sort 排序默认是_____序(填升或降)。

3. 元组对应的单词是_____(字母全小写)。

4. 列表的字面量写法是_____，字典的字面量写法是_____(填写符号，不加空格)。

5. 现有脚本"a, b = 10, 20"，则 a=_____，b=_____；若"a=1, b=2, a,b=b, a"，则 a=_____，b=_____。

6. 字典由_____和_____组成(填写单词且均小写)。

## 四、判断题

1. 列表只能存放同一种类型的数据。 ( )
2. 元组中的元素不能被赋值。 ( )
3. 元组中的某些元素可以被修改。 ( )
4. 元组不能使用切片功能。 ( )
5. 从读取数据的角度来说，元组比列表的效率更高。 ( )
6. 使用字符串时，用单引号的效率会更高。 ( )

## 五、编程题

1. 使用列表推导式生成一个由 1~10 的平方组成的列表。
示例输出：[1, 4, 9, 16, 25, 36, 49, 64, 81, 100]。

2. 使用列表推导式生成如下列表[1, 4, 27, 256, 3125, 46656, 823543, 16777216, 387420489]。

**注意 >>>** 1=1×1，4=2×2，27=3×3×3，256=4×4×4×4。

3. 选择一个合适的数据类型，保存以下 3 个信息：姓名为张三，年龄为 20，性别为男。

4. 现在有 3 名学生，分别叫张三、李四、王五，3 人的数学成绩分别是 50、90、75，语文成绩分别是 89、67、90，请计算数学和语文成绩的平均分(保留 2 位小数)。

**注意 >>>** 列表套字典+for 循环。

5. 生成一个包含数字 1,2,3,…,30 的列表(不包括 30)，输出列表的值；输入一个 2~9 之间的正整数，查找列表中是否存在这个数的倍数和数位上包含这个数字的数，若存在，则将其从列表中删除，并输出删除后的列表。
示例输入：3。
示例输出：[1, 2, 4, 5, 7, 8, 10, 11, 14, 16, 17, 19, 20, 22, 25, 26, 28, 29]。

**注意 >>>** while 循环+if 条件+列表推导式。

# 正则表达式 第**5**章

正则表达式是一种特定规则的字符查找方法，可以根据这个规则在指定的语句中查找符合要求的字符，并且进行替换。简而言之，正则表达式就是用来检索、替换那些符合某个规则的文本。本章将深入介绍正则表达式的基础知识、特殊字符正则表达式、re 模块的用法、正则表达式高级应用等内容。

通过本章的学习，可以了解正则表达式的概念与使用场景，掌握正则表达式对于理解数据清洗和数据筛选的匹配规则有很大帮助，无论是在数据清洗、文本分析、日志处理领域还是网络爬虫等领域，正则表达式将大大提高代码的处理效率和灵活性，帮助开发者更好地应对各种文本处理需求。

## 学习目标

- ➤ 掌握正则表达式的语法
- ➤ 掌握 re 模块中常用的函数
- ➤ 熟练利用正则表达式进行模式匹配和提取

# 5.1 正则表达式概述

在使用正则表达式之前，需要掌握一些常用的正则语法。正则语法主要包含对数字、字母、符号等文本内容进行匹配，这些正则匹配语法在任何文本中都可以使用。在Python开发中，可以使用re模块来实现正则表达式的全部功能。

## 5.1.1 正则表达式的语法

正则符号的含义如表 5-1 所示。

表 5-1 正则符号的含义

| 符号 | 说明 | 表达式示例 | 匹配的字符串 |
| --- | --- | --- | --- |
| ^ | 匹配字符串的开始位置 | ^python | python… |
| $ | 匹配字符串的结束位置 | python$ | …python |
| * | 匹配前一个字符出现 0 次或至少 1 次 | python* | pytho/python/pythonn |
| + | 匹配前一个字符出现至少 1 次 | python+ | python/pythonn/pythonnn |
| ? | 匹配前一个字符出现 0 次或 1 次 | python? | pytho/python |
| {m} | 匹配前一个字符连续出现 m 次 | p{3}ython | pppython |
| {m,n} | 匹配前一个字符连续出现最少 m 次最多 n 次 | p{1,3}ython | python/ppython/pppython |
| | | 子表达式之间"或"关系匹配 | python\|java | python/java |
| [] | 匹配[]中的任意一个字符 | [abc] | a/b/c |
| [0-9] | 匹配 0~9 中的任意一个数字 | [0-5] | 0/1/2/3/4/5 |
| [a-z] | 匹配 a~z 中的任意一个小写字母 | [a-z] | a/b/c/j/k/l/o/p |
| [A-Z] | 匹配 A~Z 中的任意一个大写字母 | [A-Z] | A/B/C/F/G/H/Y/K/M/N |
| [^a-z] | 匹配除小写字母外的任意一个字符 | [^a-z] | A/B/ |
| . | 匹配除换行符 "\n" 外的任意一个字符 | p.n | pan/pbn/pcn/pdn |
| \ | 转义字符，使后一个字符串改变原来意思，如要匹配"*"，就需要写成"\*" | ab\* | ab* |
| \d | 匹配任意一个数字，相当于[0-9] | a\d | a1/a2/a3/a4 |
| \D | 匹配任意一个非数字字符，相当于\d 的取反，即[^0-9] | a\D | ab/ac/ad/ak/am |
| \s | 匹配任意空白字符 | a\sb | a b/a　b |
| \S | 匹配任意非空白字符 | a\Sb | acb/atb/apb |
| \w | 匹配任意一个字母或数字或下画线 | a\wk | aak/a5k/a_k/a9k |
| () | 匹配分组，即把括号中的字符当作一个整体进行匹配 | (abc){2} | Abcabc |

【例 5-1】使用分组匹配年月日。

```
#以日期为示例，假设日期的格式是 yyyy-mm-dd，正则表示如下
#\d 代表匹配一个数字
regex = "\d{4}-\d{2}-\d{2}"
#使用分组匹配
regex_1 = "(\d{4})-(\d{2})-(\d{2})"
```

由表 5-1 和例 5-1 可知，上面这些正则匹配规则只针对单一字符，在实际应用中是对多个单一字符匹配的组合，因此建议读者认真掌握，便于在 Python 开发的时候能信手拈来。下面介绍 Python 中 re 模块的使用，便于读者消化吸收。

## 5.1.2　re 模块方法的使用

Python 解释器安装完成后，就已经内置了 re 模块，不需要通过 "pip" 进行下载，可以在 Python 安装位置下的 Lib 目录中找到 re.py 文件，即 re 模块。在使用时通过 import 导入即可，查看 re 版本及属性方法的方式如下。

```
import re
print(re.__version__)    #查看 re 的版本
print(re.__all__)        #查看 re 模块的所有属性方法
```

运行结果如下：

```
2.2.1
['match'、'fullmatch'、'search'、'sub'、'subn'、'split'、'findall'、'finditer'、
'compile'、'purge'、'template'、'escape'、'error'、'Pattern'、'Match'、'A'、'I'、
'L'、'M'、'S'、'X'、'U'、'ASCII'、'IGNORECASE'、'LOCALE'、'MULTILINE'、'DOTALL'、
'VERBOSE'、 'UNICODE']
```

re 模块主要包含编译正则表达式的函数和各种匹配函数，如表 5-2 所示。

表 5-2　re 模块下的常用函数

| 函数 | 函数描述 |
|------|----------|
| compile(pattern) | 创建模式对象 |
| match(pattern,string) | 在字符串开始处匹配模式 |
| search(pattern,string) | 在字符串中寻找匹配模式 |
| splite(pattern,string) | 根据模式分割字符串 |
| findall(pattern,string) | 列表返回形式匹配项 |
| sub(pat,repl,string) | pat 匹配项用 repl 替换 |

下面介绍几个函数的主要用法。

### 1. compile()函数

功能：将正则表达式的样式编译为一个正则表达式对象(正则对象)。
语法格式如下。

```
compile(pattern,filename,mode,flags,dont_inherit)
```

参数说明如下。

- pattern：字符串或语法树对象。
- filename：代码文件的名称。
- mode：指定编译代码的种类，可以指定为 exec、eval、single。
- flags 和 dont_inherit：可选参数，极少使用。

返回值：返回表达式执行的结果。

【例 5-2】使用 compile()函数创建正则匹配对象。

```
import re
pat=re.compile('A')       #创建模式对象
m=pat.search('CBA')       #在字符串中寻找符合模式对象的部分
```

```
print(m)
```

运行结果如下：

```
<re.Match object; span=(2, 3), match='A'>
```

上述运行结果表示：匹配到了，返回 MatchObject(True)。

```
m=pat.search('CBD')
print(m)
```

运行结果如下：

```
None
```

上述运行结果表示：没有匹配到，返回 None(False)。

```
re.search('A','CBA')
```

运行结果如下：

```
<_sre.SRE_Match object at 0xb72cd170>
```

上述运行结果表示：匹配到了，返回 MatchObject(True)。

> **注意 >>>** 由例 5-2 可知，使用 compile()函数创建模式对象和直接使用 search()方法得到的结果是一致的，建议使用第一种方法。

将正则表达式转换为模式对象，能实现更有效率的匹配，因为其他的函数会在内部进行转换。

【例 5-3】使用 compile()函数创建模式对象。

```
import re
#re.I 表示忽略大写
pattern = re.compile(r"([a-z]+) ([a-z]+)",re.I)
#按正则表达式匹配字符串
m = pattern.match("Hello Python,Nice to meet you!")

print(m.group()) #返回成功匹配的字符串
```

运行结果如下：

```
Hello Python
```

### 2. match()函数

功能：从字符串的开始位置进行正则模式的匹配，如果在**起始**位置匹配成功，则返回匹配的对象实例，否则返回 None。

语法格式如下。

```
re.match(pattern,string,flag=0)
```

参数说明如下。

- pattern：匹配的正则表达式。
- string：要进行匹配的字符串。

● flags：标志位，用于控制正则表达式的匹配方式，如是否区分大小写、多行匹配等。

我们可以使用 group(num)或 groups()匹配对象函数来获取匹配表达式。

group(num=0)获取匹配结果的各分组的字符串，group()可以一次输入多个组号，此时返回一个包含那些组所对应值的元组。groups()则返回一个包含所有分组字符串的元组。

> **注意》》》** 如果未匹配成功，则 match()返回值为 None，此时再使用 group()、groups()方法会报错。应该先获取匹配对象，然后判断匹配对象是否为空，非空时再使用 group()、groups()方法获取匹配结果。

【例 5-4】使用 match()函数从开始位置匹配指定字符。

```
import re
str1 = "How are you."
pattern_1 = re.compile(r"How")   #创建正则匹配对象
pattern_2 = re.compile(r"are")
#使用match()函数从开始位置进行匹配
result_1 = re.match(pattern_1,str1)
result_2 = re.match(pattern_2,str1)
print("result_1 的结果是",result_1.group())
print("result_2 的结果是",result_2)
```

运行结果如下：

```
result_1 的结果是 How
result_2 的结果是 None
```

### 3. search()函数

功能：在整个目标字符串中进行查找并返回成功匹配的第一个字符串，若匹配成功则返回匹配的对象实例，否则返回 None。

语法格式如下：

```
re.search(pattern,string,flags=0)
```

参数说明：同 match()函数。

【例 5-5】使用 search()函数从任意位置匹配指定字符。

```
import re
str1 = "Welcome to China!"
pattern_1 = re.compile(r"China")   #创建正则匹配对象
#使用search()函数在任意位置进行匹配
result_1 = re.search(pattern_1,str1)
print("result_1 的结果是",result_1.group())
```

运行结果如下：

```
result_1 的结果是 China
```

说明：match()函数只能在字符串开始位置进行匹配，而 search()函数会在整个字符串内查找匹配。

### 4. findall()函数

功能：在目标字符串中查找所有符合正则匹配模式的字符串，将匹配成功的字符串放在列表中进行返回，若查找不到则返回 None。

语法格式如下。

```
re.findall(pattern,string,flags=0)
```

参数说明：同 match()函数。

【例 5-6】使用 findall()函数匹配所有符合条件的字符。

```
import re
str1="abcd_ABCD_abcd_123_a1b2c3"
#创建匹配对象，匹配规则是 ab 或 AB
pattern_1 = re.compile(r"ab|AB")
#使用 findall()函数查找所有符合条件的字符串
result_1 = re.findall(pattern_1,str1)
print(result_1)

#创建正则对象，匹配规则为匹配所有的数字
#\d 表示匹配数字,\d+表示匹配多个数字
pattern_2 = re.compile(r"\d+")
result_2 = re.findall(pattern_2,str1)
print(result_2)
```

运行结果如下：

```
['ab', 'AB', 'ab']
['123', '1', '2', '3']
```

### 5. sub()函数

sub()函数和 subn()函数都是根据正则匹配模式进行替换的，将某个字符串中所有符合正则匹配模式的字符串替换为指定的字符。sub()函数返回一个替换后的字符串，subn()函数还可以返回一个替换的总次数，替换后的字符串和次数形成一个元组进行返回。

语法格式如下。

```
re.sub(pattern,repl,string,count)
re.subn(pattern,repl,string,count)
```

参数说明如下。

- pattern：正则表达式匹配模式。
- repl：要替换成的内容。
- string：进行替换内容的字符串。
- count：可选参数，设置最大替换次数。

【例 5-7】使用 sub()函数和 subn()函数进行正则匹配和替换。

```
import re
str = "2022,Hello Python, you are my friend!"
pattern = re.compile(r"\d+")
result_1 = re.sub(pattern,"2023",str)
print(result_1)
```

```
result_2 = re.subn(pattern,"2023",str)
print(result_2)
```

运行结果如下：

```
2023,Hello Python, you are my friend!
('2023,Hello Python, you are my friend!', 1)
```

#### 6. split()函数

re 模块的 split()函数与字符串的 split()函数相似，前者是根据正则表达式分割字符串，与后者相比，显著提升了字符分割能力，如果没有使用特殊符号表示正则表达式来匹配多个模式，那么 re.split()和 string.split()的功能是一样的。

语法格式如下。

```
re.split(pattern,string)
```

参数说明如下。

- pattern：正则表达式匹配模式。
- string：要进行分割的目标字符串。

【例 5-8】使用 split 函数进行正则分割。

```
import re
str = "a12b34c67d89e"
#\d{2}代表匹配两个字符
pattern = re.compile("\d{2}")
result = re.split(pattern,str)
print(result)
```

运行结果如下：

```
['a', 'b', 'c', 'd', 'e']
```

## 5.1.3　正则表达式的应用

假设上级领导给你安排了一个任务：从一个.txt 文件中找出所有的电话号码，文件如图 5-1 所示。如果采用人工逐个查找的方式，可能需要花费很长的时间。为了提高工作效率，需要编写一个自动匹配文件中的电话号码的程序。

图 5-1　包含电话号码的文件

首先，需要对需求进行分析和规划，而不是直接编写代码，以下是实现步骤。

(1) 创建一个正则表达式，用于匹配电话号码。

(2) 利用该正则表达式，找到所有的匹配项，而不仅仅是第一个。

(3) 将匹配到的电话号码整理成合适的格式，并保存在一个字符串中。

(4) 如果文本中没有找到匹配项，则显示相应的提示消息。

第1步：创建一个新文件，编写匹配电话号码的正则表达式，保存为 GetPhone.py。

```
import re
regx = re.compile(r'(1\d{10})', re.S)
```

1 代表匹配以数字 1 开始、后面跟连续 10 个数字的字符，在这里\d{10}代表匹配 10 个数字。这里的 "re.S" 代表匹配换行在内的所有字符。

第2步：使用 with open()方法将 "1.txt" 文件中的所有内容全部读出。

```
with open("1.txt","r",encoding="utf-8") as f:
    con = f.read()
```

第3步：使用 re.findall()方法在文本文件中匹配所有的电话号码。

```
phones = re.findall(regx,con)
print(phones)
```

使用 findall()方法将所有匹配的电话号码放在一个列表中进行返回，我们可以通过 for 循环遍历得到每一个电话号码。

```
for phone in phones:
    print(phone)
```

运行结果如下：

```
15639031421
17586921425
16912356246
15863494256
19145623458
17456238964
13465756235
```

# 5.2 正则表达式的高级语法

正则表达式的高级语法包括捕获组和非捕获组、零宽断言、非贪婪匹配、命名捕获组、递归匹配等，本节介绍几种常用的语法。

## 5.2.1 反向引用

正则表达式的反向引用是一种非常强大的特性，它可以让我们引用已经匹配的文本，以便在匹配后的模式中再次使用。本节将会介绍反向引用的语法和使用方法，以及用两个实际案例来演示如何使用反向引用解决实际问题。

在正则表达式中，反向引用使用"\"符号，后面跟一个数字，表示引用前面已经匹配的分组。例如，"\1"表示引用第一个分组，"\2"表示引用第二个分组，以此类推。

【例5-9】验证重复的单词。

假设有一个字符串，里面包含一些重复的单词，想要验证这些单词是否重复，如字符串"hello world world"中的world就是重复的单词。

```
import re
text = "hello world world"
pattern = r"\b(\w+)\b\s+\1\b"
match = re.search(pattern, text)
if match:
    print("重复单词: ", match.group())
else:
    print("没有重复单词")
```

运行结果如下：

```
重复单词:  world world
```

上述正则表达式的含义是，\b 表示单词的边界，\w+表示匹配一个或多个单词字符，\s+表示匹配一个或多个空白字符，\1 表示反向引用第一个分组，也就是前面匹配的单词。此时会匹配到第一个 world world，因为它们是重复的单词。

【例5-10】验证HTML标签。

假设有一个包含 HTML 标签的字符串，想要验证这些标签是否正确嵌套。例如，<div><p></p></div>中的标签是正确嵌套的，而<div><p></div></p>中的标签则不是。下面是一个使用反向引用来验证 HTML 标签的正则表达式示例。

```
import re
html = "<div><p></p></div>"
pattern = r"<(\w+)(\s*\w+=(\"[^\"]*\"|'[^']*'))*\s*>(.*?)<\/\1>"
match = re.search(pattern, html)
if match:
    print("HTML 标签是正确嵌套的")
else:
    print("HTML 标签不是正确嵌套的")
```

运行结果如下：

```
HTML 标签是正确嵌套的
```

上述正则表达式的含义是，<(\w+)表示匹配一个以<开头、后面跟一个单词或多个单词字符的标签；(\s*\w+=(\"[^\"]*\"|'[^']*'))*表示匹配一个或多个标签属性；\s*>表示匹配标签的结尾；(.*?)表示匹配任意个字符并且尽可能少地匹配，即使用非贪婪匹配。其中.*表示匹配任意个字符，?表示尽可能少地匹配；<\/\1>表示反向引用第一个分组，也就是前面匹配的标签名，加上</和>，表示匹配标签的结尾。这个正则表达式会匹配到<div><p></p></div>中的标签，因为它们是正确嵌套的。

### 5.2.2 零宽断言

#### 1. 零宽断言的含义

零宽断言可以匹配一个位置，这个位置满足某个正则表达式，但不会将其纳入最终的匹配结果中，因此称为"零宽"。同时，这个位置的前面或后面需要满足另外一种正则表达式条件，通过使用零宽断言，我们可以更精确地控制匹配的位置和条件，以提高正则表达式的灵活性。

【例5-11】零宽断言的应用。

现有字符串"finished going done doing"，匹配出其中以 ing 结尾的单词。

```python
import re
s = 'finished going done doing'
p = re.compile(r'\b\w+(?=ing\b)')
print([x + 'ing' for x in re.findall(p,s)])        #结果是  ['going', 'doing']
```

由运行结果可知，匹配出了 going 和 doing 两个单词，达到目的。

正则中使用的"(?=ing\b)"就是一种零宽断言，它匹配这样一个位置：这个位置有一个 ing 字符串，后面跟一个\b 符号，并且这个位置前面的字符串满足正则"\b\w+"，所以匹配结果是"['go','do']"。

#### 2. 零宽断言的分类

零宽断言分为以下 4 种：正预测先行断言、正回顾后发断言、负预测先行断言、负回顾后发断言，不同的断言匹配的位置不同。

总结一下，上述 4 种零宽断言可以这样理解：其中的"正"指的是肯定预测，即某个位置满足某个正则匹配模式，而"负"则指的是否定预测，即某个位置不要满足某个正则；其中的"预测先行"则指的是"往后看""先往后走"的意思，即这个位置是出现在某一个字符串后面的，而与之相反的"回顾后发"则指的是相反的意思，也就是"往前看"，即匹配的这个位置是出现在某个字符串的前面的。

(1) 正预测先行断言：(?=exp)

匹配一个位置(但结果不包含此位置)之前的文本内容，这个位置满足正则 exp。

【例5-12】匹配出字符串 s 中以 ing 结尾的单词的前半部分。

```python
import re
s = "I'm singing while you're dancing."
p = re.compile(r'\b\w+(?=ing\b)')
result = re.findall(p,s)
print(result)
```

运行结果如下：

```
['sing', 'danc']
```

(2) 正回顾后发断言：(?<=exp)

匹配一个位置(但结果不包含此位置)之后的文本，这个位置满足正则 exp。

【例5-13】匹配出字符串 s 中以 do 开头的单词的后半部分。

```python
import re
```

```
s = "doing done do todo"
p = re.compile(r'(?<=\bdo)\w+\b')
result = re.findall(p,s)
print(result)
```

运行结果如下：

```
['ing', 'ne']
```

(3) 负预测先行断言：(?!exp)

匹配一个位置(但结果不包含此位置)之前的文本，此位置不能满足正则 exp。

【例 5-14】匹配字符串中的所有空格。

```
import re
text = "This is a test. Is it a good test? No! It's a bad test."
pattern = r"\s(?![.?!])"
matches = re.findall(pattern, text)
print("匹配的空格数量： ", len(matches))
print("匹配的空格： ", [m for m in matches])
```

运行结果如下：

```
匹配的空格数量： 13
匹配的空格： [' ', ' ', ' ', ' ', ' ', ' ', ' ', ' ', ' ', ' ', ' ', ' ', ' ']
```

上述正则表达式的含义是，\s 表示匹配任意空白字符；(?![.?!])表示负向先行断言，匹配之后不是句号、问号或感叹号的字符，即不匹配出现在这 3 个标点符号之后的空格。这个正则表达式会匹配到字符串中的所有空格，但是不会匹配出现在句号、问号或感叹号之后的空格。

(4) 负回顾后发断言：(?<!exp)

匹配一个位置(但结果不包含此位置)之后的文本，这个位置不能满足正则 exp。

【例 5-15】匹配字符串中的所有数字。

```
import re
text = "The price of the product is ￥29.99, and the discount is 10%."
pattern = r"(?<![a-zA-Z_])\d+"
matches = re.findall(pattern, text)
print("匹配的数字数量： ", len(matches))
print("匹配的数字： ", matches)
```

运行结果如下：

```
匹配的数字数量： 3
匹配的数字： ['29', '99', '10']
```

这个正则表达式的含义是，\d+表示匹配任意多个数字；(?<![a-zA-Z_])表示负回顾后发断言，匹配之前不是字母或下画线的字符，即不匹配出现在字母或下画线之前的数字。这个正则表达式会匹配到字符串中的所有数字，但是不会匹配出现在字母或下画线之前的数字。

(5) 正向零宽断言的结合使用

正向零宽断言可以用来匹配符合某个模式的文本，但是要求这些文本必须出现在另一个模式的前面。例如匹配一个字符串中所有被括号包含的数字，但是仅当这些数字出现在某个特定的单词前面时才匹配。

【例 5-16】匹配字符串中的所有被括号包含的数字。

```
import re
text = "The price of the product (SKU: 1234) is ￥29.99, and the discount is 10%
(valid until tomorrow)."
pattern = r"(?<=SKU: )\d+|(?<=discount is )\d+"
matches = re.findall(pattern, text)
print("匹配的数字数量: ", len(matches))
print("匹配的数字: ", matches)
```

运行结果如下:

```
匹配的数字数量:  2
匹配的数字:  ['1234', '10']
```

上述正则表达式的含义是，\d+表示匹配任意多个数字；(?<=SKU: )和(?<=discount is )分别表示正向零宽断言，匹配之前是 SKU: 或 discount is 的字符，即只匹配出现在这两个短语前面的数字。这个正则表达式会匹配到字符串中被括号包含的数字，并且这些数字都出现在特定的单词前面。

(6) 负向零宽断言的结合使用

负向零宽断言用于匹配符合某个模式的文本，但是要求这些文本必须不出现在另一个模式的前面。例如，匹配一个字符串中所有以.com 结尾的 URL，但是要求这些 URL 不出现在括号中。

【例 5-17】匹配一个字符串中所有以.com 结尾的 URL。

```
import re
text = "Please visit our website at https://www.example.com (not
https://www.example.com
/blog)."
pattern = r"(?<!\()\bhttps?://[\w.-]+\.com\b(?!/|\))"
matches = re.findall(pattern, text)
print("匹配的URL: ", matches)
```

运行结果如下:

```
匹配的URL:  ['https://www.example.com']
```

这个正则表达式的含义是, \bhttps?://[\w.-]+\.com\b 表示匹配以.com 结尾的 URL；(?<!\()和(?!/|\)) 分别表示负向零宽断言，匹配之前不是 "(" 且之后不是 "/" 或 ")" 的字符，即不匹配出现在括号中的 URL。这个正则表达式会匹配到字符串中所有以.com 结尾的 URL，并且这些 URL 都不出现在括号中。

## 5.2.3  贪婪和非贪婪匹配

正则表达式匹配默认是贪婪的，也就是会尽可能多地匹配字符。非贪婪匹配则是尽可能少地匹配字符，可以通过在量词后面加上 "?" 来实现。

在 Python 的正则模式中，贪婪匹配采用 ".*" 来实现，非贪婪匹配采用 ".*?" 来实现。

### 1. 贪婪匹配

匹配一个字符串中的 HTML 标签，如<div>hello</div>，可以使用下面的正则表达式。

【例 5-18】匹配一个字符串中的 HTML 标签。

```
import re
text = "<div>hello</div>"
pattern = r"<.*>"
match = re.search(pattern, text)
print(match.group())
```

运行结果如下：

```
<div>hello</div>
```

上述正则表达式的含义是，<.*>表示匹配任意多个字符，直到遇到第一个>符号，这个过程中尽可能多地匹配字符。在例 5-18 中，正则表达式会匹配整个字符串<div>hello</div>，而不是分别匹配<div>和</div>。

### 2. 非贪婪匹配

匹配一个字符串中最短的 HTML 标签，如<div>hello</div><p>world</p>，可以使用下面的正则表达式。

【例 5-19】匹配一个字符串中最短的 HTML 标签。

```
import re
text = "<div>hello</div><p>world</p>"
pattern = r"<.*?>"
matches = re.findall(pattern, text)
print(matches)
```

运行结果如下：

```
['<div>', '</div>', '<p>', '</p>']
```

上述正则表达式的含义是，<.*?>表示匹配任意多个字符，直到遇到第一个>符号，这个过程中尽可能少地匹配字符。在例 5-19 中，正则表达式会匹配<div>和</p>这两个最短的 HTML 标签。

## 5.3　正则表达式的性能优化(选讲)

当处理大量字符串时，性能较低的计算机可能在正则表达式匹配过程中会出现速度缓慢的情况，从而影响工作效率。为了提高正则表达式的匹配速度，可以采用一些性能优化技巧。下面通过两个示例演示如何通过优化正则表达式来提升性能。

### 5.3.1　避免回溯

正则表达式中的回溯是指在匹配失败后，重新回到前面的位置尝试其他的匹配方式。回溯可能会导致正则表达式的性能急剧下降。为了避免回溯，可以使用非捕获组来限制回溯的范围。

【例 5-20】匹配一个字符串中所有的 IPv4 地址。

```
import re
text = "192.168.0.1, 10.0.0.1, 172.16.0.1, 192.168.1.1, 192.168.0.100"
pattern = r"\b(?:[0-9]{1,3}\.){3}[0-9]{1,3}\b"
matches = re.findall(pattern, text)
```

```
print(matches)
```

运行结果如下：

```
['192.168.0.1', '10.0.0.1', '172.16.0.1', '192.168.1.1', '192.168.0.100']
```

上述正则表达式使用非捕获组(?:...)来限制回溯的范围，只匹配符合条件的 IP 地址，而不是在每个位置都尝试匹配 IP 地址。这种方式可以显著提高正则表达式的性能。

### 5.3.2  使用正则表达式预编译

正则表达式在每次匹配时都需要进行解析和编译，这个过程可能会占用大量的时间。为了提高正则表达式的性能，可以使用正则表达式预编译的功能，将正则表达式编译成一个可复用的对象。

【例 5-21】匹配一个字符串中的所有单词。

```
import re
text = "hello world, how are you today?"
pattern = r"\b\w+\b"
regex = re.compile(pattern)        #创建正则对象进行预编译操作
matches = regex.findall(text)
print(matches)
```

运行结果如下：

```
['hello', 'world', 'how', 'are', 'you', 'today']
```

在例 5-21 中，首先使用 re.compile()方法将正则表达式编译成一个正则对象 regex，然后使用 regex.findall()方法来匹配字符串。这种方式可以避免在每次匹配时都重新编译正则表达式，从而提高性能。

## 📖✐ 本章小结

本章主要介绍了 Python 中正则表达式的概念，以及使用 re 模块进行匹配和替换的方法。学习了普通字符和特殊字符在正则表达式语法中的含义，以及常用的 re.match()、re.search()、re.findall()、re.sub()和 re.split()函数的用法。

在实际应用正则表达式时，需要注意以下几点。

(1) 正则表达式语法是一门独立的语言，需要熟悉其语法规则和特殊字符的含义。

(2) 尽量保持正则表达式简单明了，避免过度使用特殊字符和复杂的模式，以提高可读性和性能。

(3) 在使用正则表达式之前，建议先对其进行测试和验证，可以使用在线工具或编写简单的 Python 脚本进行测试。

总而言之，正则表达式是一项重要的技能，可以显著提高文本处理的效率和准确性。在 Python 中，使用 re 模块可以轻松实现正则表达式的功能。对于频繁处理文本数据的开发者来说，掌握正则表达式是非常有价值的。

# 思考与练习

## 一、选择题

1. 正则表达式对应的 Python 模块是(　　)。
   A. os 模块　　　　　　　B. sys 模块　　　　　　C. json 模块　　　　　　D. re 模块
2. 在正则表达式中，(　　)可以表示 0 个或 1 个。
   A. "+"　　　　　　　　　B. "^"　　　　　　　　　C. "?"　　　　　　　　　D. "*"
3. 正则匹配模式 \d{3}可以匹配到的内容是(　　)。
   A. "abc"　　　　　　　　B. "3ab"　　　　　　　　C. "135"　　　　　　　　D. "a35"
4. 正则匹配模式"[a|b+]AB"可以匹配到的内容是(　　)。
   A. "abAB"　　　　　　　B. "bbbbAB"　　　　　　C. "aAB"　　　　　　　　D. "ab"
5. 字符串 s1="a1b22c33",re.match("[a-z]\d{1,3}",s1)匹配到的结果是(　　)。
   A. "a1"　　　　　　　　B. "a122"　　　　　　　　C. "122333"　　　　　　　D. "abc"

## 二、简答题

1. 能够完全匹配字符串"back"和"back-end"的正则表达式是_____。
2. 创建正则对象的函数是_____。
3. 匹配 26 个小写字母单词中的任意一个的正则匹配规则是_____。
4. 如果需要匹配连续 3 个数字，则正则匹配规则是_____。
5. print(re.match("^[a-zA-Z]+$", "abcDEFG000"))的结果是_____。

## 三、编程题

1. 字符串 s 中保存了论语中的一句话，请编程统计 s 中汉字的个数和标点符号的个数。

   s="学而时习之，不亦说乎？有朋自远方来，不亦说乎？人不知而不愠，不亦君子乎？"

2. 提取用户输入数据中的数值(数值包括正负数，还包括整数和小数在内)并求和。例如，
"−3.14good87nice19bye" =====> −3.14 + 87 + 19 = 102.86。
3. 匹配 0~100 之间的数字(包含 0 和 100)。
4. 编写程序，用户输入一段英文，输出这段英文中所有长度为 3 的单词。
5. 有一段英文，其中有单词连续出现了 2 次，编写程序检查重复的单词并只保留一个。例如，
文本内容为"Welcome to to China!"，程序输出为"Welcome to China!"。

读书笔记

在程序开发过程中,我们经常会遇到需要多次使用的功能代码。如果每次都复制粘贴这段代码,就会导致代码结构冗长且难以维护。此时,函数的引入可以很好地解决这个问题。函数将具有某个功能的代码封装成一个独立的整体,并为其设置一个新的名称,以便在需要使用该功能的地方通过该名称直接调用。

本章的主要内容包括函数的定义和使用方法、模块的导入和使用方法、装饰器和生成器的使用及命名空间的概念和规则,同时还介绍了 Python 中常用的内置函数。

### 学习目标

➢ 理解函数的概念
➢ 掌握函数的定义与调用方法
➢ 理解 Python 中的命名空间和变量的作用范围
➢ 掌握匿名函数和高阶函数的使用方法
➢ 理解生成器和装饰器的概念

## 6.1 函数的定义

在 Python 中,可以使用关键字 def 定义函数。定义函数是指在编写代码时为特定功能编写代码块,并为其赋予一个名称,使在需要使用该功能的地方可以直接调用该名称以实现相应操作的过程。

定义函数的过程包括确定函数的名称、参数列表,并编写函数体内的代码块,该代码块定义了函数执行时要执行的操作。

函数定义的基本语法格式如下。

```
def fun_name(参数列表):
    函数体
    return 返回值
```

  def 是定义函数时必不可少的关键字，由它起始的行，称为该函数的头，它包括函数名和括号中的参数表。函数名就是函数的名称，它是一个符合 Python 命名规则的字符串变量。在编写函数时必须注意：第一，def 和函数名之间要用空格符隔开；第二，函数头的末尾结束处必须要有一个冒号。

  参数列表：被括在圆括号内，括号内可以没有参数，也可以是多个用逗号隔开的参数，完全根据设计需要来定。当函数被调用时，参数列表中列出的参数被用来接收调用者传递过来的数据。参数列表中的参数为"形式参数"，简称"形参"。

  函数体：表示函数需要做的事情，由单行程序或多行程序组成，这个语句块的整体必须保持缩进。

  return：是函数中的返回语句，用于返回运算之后的结果。由于它也是函数体的一个组成部分，所以必须以缩进的形式出现在函数体内。如果没有结果，那么整个返回语句可以省略。

  【例 6-1】定义一个函数，该函数接收一个数字，返回这个数字的平方。

```
def funSquare(num):
    sq = float(num)**2
    return sq
```

  由例 6-1 可知，函数的名称为 funSquare，形式参数为 num，返回值为 sq。

## 6.2 调用函数

  在 Python 中，当定义一个函数后，需要通过在函数名后加上括号来调用它，这个动作被称为函数调用，函数调用的一般语法格式如下。

```
函数名([实际参数表])
```

  实际参数可以是常量、变量或表达式。当实际参数的个数超过一个时，它们之间用逗号进行分隔。在函数调用中，实际参数和形式参数应该在个数、类型和顺序上一一对应。

  对于无参数的函数，虽然在调用时实际参数表为空，但函数标识中的圆括号不能省略。

  调用例 6-1 中定义的函数，传入的实际参数是 5，代码如下。

```
result = funSquare(5)
print(result)
```

  运行结果如下：

```
25.0
```

  在上述代码中，funSquare(5)是调用函数，括号中的数字是传递的参数值，将调用函数返回的结果赋值给变量 result 并输出。

## 6.3 函数的参数

  函数可以根据需要接收零个或多个参数。在函数定义时，括号中的参数被称为形式参数表，如果函数定义时没有写参数，那么在调用函数时就无须传递任何值。

注意 >>> 函数的形参类型不需要进行显式声明，解释器会根据实参的类型自动推断形参类型。这意味着我们无须指定参数的具体类型，而是可以根据实际情况灵活地传递不同类型的参数给函数。

## 6.3.1　位置参数

位置参数是一种常用的函数参数，它要求在调用函数时按照形参的顺序依次传递实参，并且实参的数量必须与形参的数量相同。通过按照一一对应的方式将实参传递给对应的形参，才可以确保实参被正确地传递和使用。

如果在使用位置参数时，实参的位置和形参的位置不匹配，或者实参的数量与形参的数量不一致，则会导致错误发生。因此，在调用函数时应当确保实参和形参的对应关系准确无误。

```
def my_function(arg1,arg2):
    ......
    return r1,r2
```

在上述代码中，要调用 my_function 函数，则必须给形参 arg1 和 arg2 分别传递一个值，可以使用以下代码：

```
result = my_function(1, 2)
```

其中，my_function 是函数名称，1 和 2 是函数的实际参数，arg1 和 arg2 是形式参数。该语句将调用 my_function 函数，并将返回值赋值给 result 变量。

在调用函数时，实参 1 和实参 2 分别传递给形参 arg1 和形参 arg2，传递的依据是根据位置进行传递的，函数 my_function 第一个实参的值 1 传递给第一个形参 arg1，第二个实参的值 2 传递给形参 arg2。

【例 6-2】位置参数的传参使用。

```
def info_function(name,age):
    print("形参 name 的值是: ",name)
    print("形参 age 的值是: ",age)


#根据位置顺序传递参数
info_function("小王",25)
```

运行结果如下：

```
形参 name 的值是: 小王
形参 age 的值是: 25
```

## 6.3.2　关键字参数

在 Python 中调用函数时，也可以使用关键字参数传值，明确指定哪个值传递给哪个形参，实参和形参的顺序可以不一致。使用关键字参数可以使函数调用更加明确和易读，避免用户需要牢记参数位置和顺序的麻烦。

【例 6-3】关键字参数的使用。

```
#定义一个函数
def greeting(name, message):
    print(f"{message}, {name}!")

#使用关键字传递参数
greeting(message="Hello", name="John")
```

上述代码中，定义了一个函数 greeting，该函数需要两个参数：name 和 message。当使用关键字参数传递值调用函数时，可以通过参数名来指定每个参数的值。

在例 6-3 中，使用 message="Hello" 和 name="John" 来传递数值给对应的形参。

## 6.3.3 默认参数

有时候可以在定义函数时为某些参数提供默认值。这意味着，在调用函数时如果没有为这些参数提供值，那么函数将使用预先定义的默认值。设置默认值的参数应该放在参数列表的末尾，这样做是为了避免在调用函数时出现歧义，确保实参与形参的对应关系正确无误。

函数默认值的语法格式如下。

```
def my_function(p1, p2=123):
    #function code here
    Pass
```

在上述语法中，p1 是一个必填的参数，而 p2 有一个默认值为 123。如果函数在调用时未指定 p2 的值，则默认值 123 将被使用。

注意 >>> 如果一个函数拥有多个参数，可以在参数列表中同时混合使用带有默认值的参数和没有默认值的参数。然而，在调用函数时，必须严格按照函数定义中参数的顺序，依次传递所有的必需参数，随后再传递任意数量的可选参数。

【例 6-4】默认参数的使用。

```
def greet(name, greeting="Hello"):
    print(greeting, name)
    pass

  greet("Alice")          #输出 "Hello Alice"
  greet("Bob", "Hi")      #输出 "Hi Bob"
```

在例 6-4 中，greet 函数有两个参数，name 是必填参数，而 greeting 有一个默认值"Hello"。如果在调用函数时未指定 greeting 的值，则"Hello"将被使用。

【例 6-5】多个默认参数的使用。

```
def add_numbers(a, b=0, c=0):
    return a + b + c
    pass

print(add_numbers(1))            #输出 1
print(add_numbers(1, 2))         #输出 3
print(add_numbers(1, 2, 3))      #输出 6
```

在例 6-5 中，add_numbers 函数有 3 个参数 a、b、c，其中 b 和 c 都有一个默认值 0。如果在调用函数时未指定 b 和 c 的值，则它们将使用默认值 0。

总之，在 Python 中，为函数提供默认值是一个非常方便的功能，可以使函数更加灵活和易于使用。但是，需要谨慎使用默认值，以避免对可变对象造成意外修改。

## 6.3.4　可变参数

在 Python 中，可变参数指的是能够接收任意数量参数的函数或方法。Python 为此提供了两种类型的可变参数：*args 和 **kwargs。其中，*args 基于元组来实现可变参数，而 **kwargs 基于字典来实现。使用 *args 和 **kwargs 允许我们在函数定义时无须指定具体的参数数量，而传递的参数会被打包成一个元组或字典，分别传递给 *args 和 **kwargs。在函数内部，我们可以通过元组和字典的相关操作来处理这些参数。这种灵活性允许我们编写更加通用和适应性强的函数，能够应对不同数量和类型的参数。

### 1. 基于元组的可变参数(*args)

*args 可变参数允许我们在函数定义时不确定要传递多少个参数，这些参数会被封装成一个元组作为函数的一个参数传入。在函数内部，可以使用元组的相关操作对这些参数进行处理。代码如下。

```
def my_func(*args):
    print(args)
    pass
```

在这个函数中，*args 表示接收任意数量的可变参数，并将它们封装成一个元组。我们可以传递任意数量的参数给这个函数，代码如下。

```
my_func(1)           #输出结果：(1,)
my_func(1, 2)        #输出结果：(1, 2)
my_func(1, 2, 3)     #输出结果：(1, 2, 3)
```

可以看到，这些参数在传递到函数内部时被封装成了一个元组。

【例 6-6】基于元组的可变参数使用——计算参数总和。

```
def calculate_sum(*args):
    total = 0
    for num in args:
        total += num
    return total

result1 = calculate_sum(10, 20, 30)
print(result1)  #输出：60

result2 = calculate_sum(10, 20, 30, 40)
print(result2)  #输出：100
```

使用*args 可变参数时，需要注意以下几点。

(1) *args 必须放在函数定义中的所有参数的最后一个位置。

(2) 在函数调用时，我们可以传递任意数量的参数给*args，甚至可以不传递任何参数。例如：

```
my_func()          #输出结果：()
```

(3) 在函数内部，*args 被封装成一个元组，我们可以使用元组的相关操作对它进行处理，如获取元素、切片等操作。

### 2. 基于字典的可变参数(**kwargs)

基于字典的可变参数是指函数或方法接收任意数量的关键字参数，并将这些关键字参数封装成一个字典。

可以使用两个星号(**kwargs)来表示一个基于字典的可变参数，代码如下。

```
def my_function(**kwargs):
    …………
    pass
```

在上述代码中，定义一个名为 my_function 的函数，并使用**kwargs 作为参数来接收任意数量的关键字参数。当调用函数时，所有传递给函数的关键字参数都会被封装成一个字典，并作为 kwargs 参数传递给函数。

【例 6-7】基于字典的可变参数使用。

```
def print_values(**kwargs):
    for key, value in kwargs.items():
        print(f"{key} = {value}")
```

在例 6-7 中，定义一个名为 print_values 的函数，并使用**kwargs 作为参数来接收任意数量的关键字参数。在函数内部，使用 for 循环遍历 kwargs 字典，并使用字典的 items()方法来获取字典中的所有键值对。

下面调用函数并输出结果，代码如下。

```
print_values(name="Alice", age=25, city="New York")
```

运行结果如下：

```
name = Alice
age = 25
city = New York
```

**注意 ≫** 基于字典的可变参数必须放在函数参数列表的最后。如果在定义函数时同时使用了*args 和**kwargs 参数，那么*args 必须放在**kwargs 之前。

# 6.4　命名空间和作用域

## 6.4.1　命名空间

### 1. 命名空间的概念和作用

在 Python 中，命名空间是一个存储变量和函数名的容器，用于管理和查找符号的名称。每个名称都在特定的命名空间中定义，不同的命名空间中可以有相同的名称，但是表示的对象可能不同。命名空间的作用是避免命名冲突，使代码更加模块化、可读性更高，并提供更好的代码复用性。

### 2. 命名空间的分类和创建方式

Python 中的命名空间可以分为 3 种类型：内置命名空间、全局命名空间和局部命名空间。其中，内置命名空间包含了 Python 解释器内置的函数和变量名，如 print()函数和 TypeError 异常；全局命名空间包含了在程序的任何地方都可以访问的变量和函数名；局部命名空间是在函数内部定义的命名空间，只能在函数内部访问。

在 Python 中，命名空间的创建方式主要有两种：通过模块导入和函数调用。当导入一个模块时，就会创建一个包含该模块中所有变量和函数名的命名空间；当调用一个函数时，就会创建一个包含函数参数和局部变量的命名空间。

### 3. 命名空间的生命周期

命名空间的生命周期是指命名空间存在的时间范围。在 Python 中，不同类型的命名空间有不同的生命周期。

内置命名空间：在 Python 解释器启动时创建，一直存在于整个解释器进程中。

全局命名空间：在模块被导入时创建，一直存在于整个模块的生命周期中。

局部命名空间：在函数被调用时创建，随着函数的执行而存在，当函数执行完毕后就会被销毁。

除了上述 3 种命名空间，还有一种特殊的命名空间，即临时命名空间。临时命名空间是在 Python 的交互式环境中创建的，用于存储每次输入的表达式和语句产生的变量和函数名。每次执行完一条语句后，临时命名空间就会被销毁。

在 Python 中，命名空间的生命周期对于程序的性能和内存占用有一定的影响。因此，我们应该尽量避免在全局命名空间中进行命名。

注意 >>> Python 中搜索标识符的顺序是先局部，再全局，最后才是内置命名空间。

【例 6-8】命名空间的生命周期。

```
i = 1
def fun():
    global i #声明全局变量i
    i = i + 1
    print("变量i:",i)

fun()
```

运行结果如下：

变量 i：2

上述代码没有全局声明"global i"时会报错。因为虽然定义了全局变量 i，但函数 fun() 内的变量 i 是局部变量，没有初始值，不能进行加 1 操作。函数内加上全局声明，错误即可被排除，读者可自行实验。

## 6.4.2 变量的作用域

在 Python 中，变量的作用域定义了可以访问该变量的代码的范围。Python 中有以下 4 种变量作用域。

(1) 全局作用域：定义在程序的最外层，可以被程序中的所有函数和代码块访问。

(2) 局部作用域：定义在函数或代码块中，只能在该函数或代码块中被访问。

(3) 嵌套作用域：定义在函数内部的函数中，可以被内部函数及该函数外部的代码块访问。

(4) 内置作用域：Python 中预定义的变量和函数，如 print() 和 len() 函数，可以在程序的任何位置使用。

在 Python 中，变量的作用域遵循以下规则。

(1) 在函数内部定义的变量默认为局部变量，只能在函数内部使用。

(2) 如果在函数内部没有定义一个变量，则 Python 会在包含函数的模块中查找该变量，如果找到则使用该变量，否则会抛出 NameError 异常。

(3) 如果想在函数内部访问全局变量，则需要使用 global 关键字声明。

(4) 如果在嵌套的函数中访问外部函数的变量，则需要使用 nonlocal 关键字声明。

【例 6-9】变量的作用域。

```
#全局变量
a = 10

def foo():
    #局部变量
    a = 5
    print("局部变量, a =", a)

foo()
print("全局变量, a =", a)
```

运行结果如下：

```
局部变量, a = 5
全局变量, a = 10
```

在上述代码中，定义一个全局变量 a，它可以在程序的任何地方被访问。然后，定义了一个函数 foo()，它包含一个局部变量 a，只能在函数内部被访问。

在 foo() 函数内部，输出局部变量 a 的值，输出为 5。然后，在函数外部输出全局变量 a 的值，输出为 10。

这是因为在函数内部，变量 a 先在局部作用域内被定义，所以输出局部变量 a 的值时输出为 5。而在函数外部，变量 a 指向的是全局变量 a，所以输出全局变量 a 的值时输出为 10。

**【例 6-10】** 在函数内部和外部创建变量 global_var。

```
#全局变量
global_var = "I am a global variable"

def foo():
    #局部变量
    local_var = "I am a local variable"
    print(local_var)

    #嵌套函数
    def bar():
        #嵌套作用域的变量
        nonlocal local_var
        local_var = "I am a nonlocal variable"
        print(local_var)

    bar()
    print(local_var)

foo()
print(global_var)
```

运行结果如下：

```
I am a local variable
I am a nonlocal variable
I am a nonlocal variable
I am a global variable
```

上述代码的执行逻辑如下。

(1) 定义了一个名为 global_var 的全局变量，它包含了字符串 "I am a global variable"。

(2) 定义了一个名为 foo 的函数，函数体内部有一个局部变量 local_var，其值为 "I am a local variable"。然后，定义了一个嵌套函数 bar。

(3) 在 bar 函数内部，使用 nonlocal 关键字来声明 local_var 为非局部变量，即从外部的 foo 函数作用域获取 local_var。然后将 local_var 的值改为 "I am a nonlocal variable"。

(4) bar 函数被调用，此时它修改了外部 foo 函数中的 local_var 的值，将其改为 "I am a nonlocal variable"。然后，bar 函数输出新的 local_var 值。

(5) 回到 foo 函数中，local_var 的值在 bar 函数内被修改，因此这里的 print(local_var) "I am a nonlocal variable"。

(6) foo 函数执行完毕，最后输出 global_var 的值，输出为 "I am a global variable"。

# 6.5　匿名函数: lambda

lambda 函数是一种匿名函数，也称为简化函数或单行函数。它允许在代码中创建一个小型的、一次性使用的函数，无须使用 def 关键字来定义一个正式的函数。经常在高阶函数 map() 和 filter() 等函数中使用。

lambda 函数的语法格式如下。

```
lambda arguments: expression
```

其中，arguments 是用逗号分隔的一系列参数，而 expression 是函数的返回值表达式。lambda 函数中的参数是可选的，但表达式是必需的。

【例 6-11】匿名函数 lambda 的定义和使用。

```
sum = lambda a,b=100:a+b                              #允许带默认参数
print("变量之和为: ",sum(100,200))
print("变量之和为: ",sum(100))
print("变量之和为: ",(lambda a,b=100:a+b)(100,200)) #直接传递实参
L = [lambda x:x**2,lambda x:x**3,lambda x:x**4]    #和列表联合使用
for f in L:
    print(f(2))
key = "B"
dic = {"A":lambda :2*2,"B":lambda :2*4,"C":lambda :2*8}  #和字典结合使用
print("value(key)=",dic[key]())
lower = lambda x,y:x if x<y else y                    #用 if 语句构成表达式
print("lower=",lower(3,5))
```

运行结果如下：

```
变量之和为: 300
变量之和为: 200
变量之和为: 300
4
8
16
value(key)= 8
lower= 3
```

总的来说，lambda 函数是 Python 中一种创建函数的快速方式。它适用于传递简单函数或进行简单计算，使代码更加简洁和易于阅读。但请记住，对于复杂的函数逻辑，应使用 def 来定义函数。

# 6.6　递归函数

递归函数是一种特殊的函数，它在函数定义中使用函数本身来解决问题。递归函数通常包含两个关键部分：基线条件和递归条件。

基线条件是递归函数中停止递归的条件。当满足基线条件时，递归函数将不再调用自身，从而避免无限循环。

递归条件是递归函数中决定是否继续递归的条件。当问题的规模尚未达到基线条件时，递归条件会调用函数本身，通过缩小问题的规模向基线条件靠近。

下面通过 3 个示例来演示递归的使用。

【例 6-12】递归实现反转字符串。

我们可以将一个字符串分成两部分：第一个字符和剩余部分。然后，通过递归调用来反转剩余部分，并将第一个字符放在最后，这样就可以实现字符串的反转。

```
def reverse_string(s):
#基线条件: 当字符串长度为 0 或 1 时, 直接返回该字符串
    if len(s) <= 1:
        return s
    else:
        #递归条件: 将第一个字符与剩余部分的反转拼接起来
        return reverse_string(s[1:]) + s[0]

    #函数调用
    print("输出: "+reverse_string("Hello"))
    print("输出: "+reverse_string("Python"))
```

运行结果如下:

输出: olleH
输出: nohtyP

在上述代码中, 递归条件是参数 s 的长度大于 2, 而基线条件则是参数 s 的长度小于或等于 1。

【例6-13】递归实现图的深度优先搜索。

深度优先搜索是一种图遍历算法, 它通过递归的方式探索图中的所有节点, 我们可以从一个起始节点开始, 然后递归地访问与当前节点相邻的未访问节点, 直到所有节点都被访问过为止。

```
#定义图的邻接表表示
graph = {
    "A": ["B", "C"],        #节点 A 与节点 B、C 相邻
    "B": ["D", "E"],        #节点 B 与节点 D、E 相邻
    "C": ["F"],             #节点 C 与节点 F 相邻
    "D": [],                #节点 D 没有相邻节点
    "E": ["F"],             #节点 E 与节点 F 相邻
    "F": []                 #节点 F 没有相邻节点
}

#深度优先搜索函数
def deepfs(graph, node, visited):
    #若当前节点不在已访问集合中, 则进行处理
    if node not in visited:
        print(node, end=" ")    #输出访问的节点
        visited.add(node)       #将当前节点标记为已访问
        for neighbor in graph[node]:
            #对当前节点的所有相邻节点进行递归调用
            deepfs(graph, neighbor, visited)

#递归调用
deepfs(graph, "A", set())
```

运行结果如下:

A B D E F C

【例6-14】舍罕王赏麦问题(64 格 2 倍递增求和)。

在印度有一个古老的传说: 舍罕王打算奖赏国际象棋的发明人——宰相西萨·班·达依尔。国王问他想要什么, 他对国王说: "陛下, 请您在这张棋盘的第 1 个小格里, 赏给我 1 粒麦子, 在第

2 个小格里放 2 粒，在第 3 个小格里放 4 粒，以后每 1 小格都比前 1 小格加 1 倍。请您把摆满棋盘上所有的 64 格的麦粒，都赏给您的仆人吧！"国王觉得这个要求太容易满足了，就同意给他这些麦粒。当人们把一袋一袋的麦子搬来开始计数时，国王才发现就是把全印度甚至全世界的麦粒全拿来，也满足不了那位宰相的要求。那么，他要求得到的麦粒到底有多少粒呢？请使用 Python 递归函数解决此问题。

分析：每轮用前一个格子的麦子数乘以 2，再加上以前所有格子中麦子的数量，如此递归 64 次即可得到需要赏赐的麦子数量。

```python
def wheat(n):                          #wheat 是定义的递归函数的名称
    if n > 1:                          #从第二个格子开始
        sum, rs = wheat(n - 1)         #递归调用前一个格子的计算方法
        rs = rs * 2                    #计算出当前格子中的麦子数量(前一个格子中的麦子数量*2)
        sum = sum + rs                 #之前所有格子中的麦子数量 + 当前格子中的麦子数量
        return sum, rs                 #返回值有两个数：总数、当前数
    else:                              #当递归到第一个格子时
        return 1, 1  #第一个格子中有1粒麦子，第i个格子加上前面所有格子的麦子和还是1粒
#函数调用
sum, rs = wheat(64)                    #两个并列的返回值
print("第64个格子中的麦子数量为：",rs)
print("前64个格子中的麦子总数量为：",sum)
```

运行结果如下：

第 64 个格子中的麦子数量为：9223372036854775808
前 64 个格子中的麦子总数量为：18446744073709551615

由例 6-14 可知，递归是一个强大而灵活的概念，在算法和问题求解中有着广泛的应用。基线条件、递归条件、调用自身 3 个要素共同构成了递归算法的核心，在编写递归函数时，我们需要确保递归条件能够将问题规模不断缩小，最终达到基线条件。否则，递归可能会无限执行而导致栈溢出或死循环。因此，在设计递归算法时需要仔细考虑基线条件、递归条件和自身调用之间的关系，确保递归过程能够正确终止并得到正确的结果。

# 6.7　高阶函数

在 Python 中，函数是一等公民，这意味着函数可以像其他对象一样被赋值给变量，作为参数传递给其他函数，或者作为函数的返回值。这种特性使 Python 支持高阶函数。

高阶函数是指那些可以接收函数作为参数或返回函数作为结果的函数。通过将函数作为参数传递给另一个函数，我们可以实现更加灵活和通用的函数功能。常见的高阶函数包括 filter()函数、map()函数和 reduce()函数。高阶函数的使用可以简化代码，以更灵活的方式对数据进行处理和操作。

## 6.7.1　过滤函数 filter()

在 Python 中，filter()函数用于对可迭代对象中的元素进行筛选，其作用是将一个单参数函数作

用到一个序列上，返回一个由满足条件的元素组成的迭代器对象。

filter()函数的语法格式如下。

```
filter(参数1,参数2)
```

filter()函数接收两个参数：参数 1 是一个是函数，参数 2 是一个可迭代对象。filter()函数用于过滤可迭代对象中的元素，返回 True 则保留该元素，返回 False 则过滤掉该元素。最终，函数返回的是迭代器，可以使用 list()或 set()函数将迭代器转换为对应的数据类型来使用。

【例 6-15】使用 filter()函数过滤列表中的奇数。

```
def is_even(num):
    return num % 2 == 0
numbers = [1, 2, 3, 4, 5, 6, 7, 8, 9, 10]
even_numbers = list(filter(is_even, numbers))    #将迭代器转换为列表类型
print(even_numbers)
```

运行结果如下：

```
[2, 4, 6, 8, 10]
```

在例 6-15 中，定义一个 is_even 函数，用于判断一个数字是否为偶数。还定义了一个 numbers 列表，其中包含了一组数字，使用 filter()函数将 is_even 函数应用到 numbers 列表中的每个元素，并保留所有返回 True 的元素。最后，使用 list()函数将返回的迭代器转换为列表，并将结果存储在变量 even_numbers 中。

除使用自定义的函数外，还可以使用 lambda 函数定义过滤条件。

【例 6-16】在 filter()函数中使用匿名函数。

```
numbers = [1, 2, 3, 4, 5, 6, 7, 8, 9, 10]
even_numbers = list(filter(lambda x: x % 2 == 0, numbers))
print(even_numbers)
```

运行结果如下：

```
[2, 4, 6, 8, 10]
```

此外，filter()函数还可以过滤其他的可迭代对象，如字典或集合。

【例 6-17】使用 filter()函数过滤字典数据。

```
numbers = {"one": 1, "two": 2, "three": 3, "four": 4, "five": 5}
even_numbers = dict(filter(lambda item: item[1] % 2 == 0, numbers.items()))
print(even_numbers)
```

运行结果如下：

```
{"two": 2, "four": 4}
```

在例 6-17 中，我们将一个字典传递给 filter()函数，并使用 lambda 函数过滤字典中的偶数值。最后，将结果存储在一个新的字典中，并将其输出到控制台。

总的来说，filter()函数是一个非常有用的工具，可以帮助我们过滤列表、字典、集合等可迭代对象中的元素。

## 6.7.2　映射函数 map()

map()函数是一种内置的高阶函数，它可以将一个函数应用到一个可迭代对象的每个元素上，并返回一个新的可迭代对象，其中包含每个元素应用函数后的结果。

其语法格式如下。

```
map(function, iterable)
```

其中，function 是一个函数，iterable 是一个可迭代对象(如列表、元组、集合等)。

【例 6-18】使用 map()函数将传入的参数加倍，并将结果存储在列表中返回。

```
#定义一个函数，将传入的参数加倍
def double(x):
    return x * 2
#使用 map()函数将 double 函数应用到列表中的每个元素上
lst = [1, 2, 3, 4, 5]
result = map(double, lst)
#输出结果
print(list(result))
```

运行结果如下：

```
[2, 4, 6, 8, 10]
```

【例 6-19】map()函数与列表解析的比较。

```
#使用 map()函数和列表解析对列表中的元素进行平方操作
lst = [1, 2, 3, 4, 5]
#使用 map()函数
result1 = map(lambda x: x ** 2, lst)
#使用列表解析
result2 = [x ** 2 for x in lst]
#输出结果
print(list(result1))
print(result2)
```

运行结果如下：

```
[1, 4, 9, 16, 25]
[1, 4, 9, 16, 25]
```

> **注意 ≫≫** map()函数和列表解析都可以实现对可迭代对象的元素进行处理。但是，map()函数更适合处理需要通过调用函数来处理每个元素的情况，而列表解析更适合处理简单的操作。

## 6.7.3　reduce()函数

reduce()函数是 functools 模块中的一个函数，reduce()函数先从列表(或序列)中取出 2 个元素执行指定函数，并将输出结果与第 3 个元素传入函数，输出结果再与第 4 个元素传入函数，……，以此类推，直到列表中的每个元素都取完。

其语法格式如下。

```
reduce (function, iterable)
```

其中，function 是一个函数，这个函数接收两个参数，iterable 是一个可迭代对象（如列表、元组、集合等）。

要使用 reduce()函数，首先需要导入 functools 模块。

```
from functools import reduce
```

【例 6-20】使用 reduce()函数对列表进行元素求和。

```
from functools import reduce
#定义一个函数，计算两数之和
def sum_func(x,y):
    return x+y
#使用reduce()函数将sum_func函数应用到列表中
lst = [1, 2, 3, 4, 5]
result = reduce(sum_func, lst)
#输出结果
print(result)
```

运行结果如下：

```
15
```

【例 6-21】使用 reduce()函数和 lambda 函数对列表中的所有元素求积。

```
from functools import reduce
lst = [1, 2, 3, 4, 5]
result = reduce(lambda x,y:x*y,lst)
#reduce()函数和lambda()函数结合使用，代替了def，lambda函数的功能是计算两个数字的乘积
#输出结果
print(result)
```

运行结果如下：

```
120
```

# 6.8 生成器和装饰器

生成器和装饰器是两种重要的编程技术，它们能够提供更加灵活和高效的代码实现方式。生成器可以按需生成序列化的值，从而节省内存空间和提高性能，而装饰器可以动态地修改函数或类的行为，增强其功能，同时保持代码的可读性和易于维护性。

本节将介绍生成器和装饰器的基本概念、使用方法，以及它们的区别。

## 6.8.1 生成器的使用

生成器是一种特殊的函数，可以在调用时暂停并保留当前状态，以便在下一次调用时继续执行。这种能力使生成器非常适合处理大量数据，因为它们可以一次处理一个数据项，而不必在内存中保存整个序列。

**注意›››** yield 关键字用于定义生成器函数，并在生成器函数中用于生成值。生成器是一种特殊的迭代器，可以按需生成值，而不需要一次性生成所有的值。

以下是使用生成器的示例代码。

```python
def generator_function():
    print("生成器开始执行！")
    for i in range(5):
        print(f"Yielding value: {i}")
        yield i
    print("生成器执行结束！")

my_generator = generator_function()
print("循环开始前")
for i in my_generator:
    print(f"Received value: {i}")
print("循环结束后")
```

运行结果如下：

```
循环开始前
生成器开始执行！
Yielding value: 0
Received value: 0
Yielding value: 1
Received value: 1
Yielding value: 2
Received value: 2
Yielding value: 3
Received value: 3
Yielding value: 4
Received value: 4
生成器执行结束！
循环结束后
```

在上述示例中，我们定义了一个生成器函数 generator_function，使用 yield 语句生成了一个序列。然后使用 my_generator 变量接收了一个生成器对象，并在 for 循环中使用，在每次迭代时，生成器函数内的代码块会被执行，输出当前的值。然后，生成器函数会"暂停"并将该值生成，供外部代码使用。

**【例 6-22】** 利用生成器生成 0~n 的所有偶数。

```python
def even_numbers(n):
    for i in range(n+1):
        if i % 2 == 0:
            yield i
for num in even_numbers(10):    #使用生成器
    print(num)
```

这里，使用 yield 关键字来创建一个生成器函数。当该函数被调用时，它会返回一个生成器对象，该对象可以被用于按需生成数据。在这个例子中，每次调用生成器时，它会生成下一个偶数，直至达到指定的上限 n。

运行结果如下：

```
0
2
4
6
8
10
```

## 6.8.2 装饰器的使用

装饰器是一种用于修改或增强函数或类功能的特殊语法。装饰器可以在不修改原始函数或类源代码的情况下，通过添加、包装或替换代码来扩展它们的行为。装饰器实际上是一个返回函数或类的可调用对象。

以下是一个使用装饰器的示例代码。

```
def my_decorator(func):
    def wrapper():
        print("func()函数调用之前")
        func()
        print("func()函数调用之后")
    return wrapper

@my_decorator
def say_hello():
    print("Hello!")

say_hello()
```

在上述示例中，定义一个装饰器函数 my_decorator，它接收一个函数作为参数，并返回一个新的函数 wrapper，该函数在原始函数 say_hello 的基础上添加了一些功能。然后使用@my_decorator 语法将装饰器应用于 say_hello 函数。

运行结果如下：

```
func()函数调用之前
Hello!
func()函数调用之后
```

【例 6-23】使用装饰器计算程序的运行时间。

```
import time

def calculate_time(func):
    def wrapper(*args, **kwargs):
        start_time = time.time()
        result = func(*args, **kwargs)
        end_time = time.time()
        print(f"程序的运行时间为：{end_time - start_time}秒")
        return result
    return wrapper
```

```
@calculate_time
def my_function():
    #在这里编写你的程序代码
    pass
```

在上述示例中，calculate_time 是装饰器函数，它接收一个函数作为参数，返回一个新的函数 wrapper。wrapper 函数用于记录程序的开始和结束时间，并计算程序的运行时间，然后输出运行时间的信息。同时，它还会调用原始的函数，获取计算结果并返回。

如果使用这个装饰器，则只需要在需要计算运行时间的函数前加上@calculate_time 装饰器即可，如上述示例中的 my_function 函数。

### 6.8.3　生成器和装饰器的区别

生成器和装饰器是两种不同的高级编程技术。它们之间存在以下区别。

(1) 生成器是一种特殊的函数，可以在调用时暂停并保留当前状态，以便在下一次调用时继续执行；而装饰器是一种可以动态地修改函数或类行为的函数。

(2) 生成器常用于处理大量数据，因为它们可以一次处理一个数据项，而不必在内存中保存整个序列；而装饰器常用于添加功能，如日志记录、性能分析、缓存等。

(3) 生成器使用 yield 语句返回数据；而装饰器使用函数或类作为参数，并返回一个新的函数或类。

(4) 生成器可以在 for 循环中使用，以逐个迭代其生成的数据项；而装饰器是通过在函数或类定义之前添加@decorator_name 语法来使用的。

总之，生成器和装饰器都是 Python 中非常有用的高级编程技术，但它们的使用方式和目的是不同的。当需要处理大量数据时，使用生成器可以节省内存并提高效率；而当需要添加一些额外的功能时，使用装饰器可以轻松地实现这些功能。

## 6.9　模块和包

在 Python 中编写大型项目时，通常会将代码组织成模块和包的形式。模块和包可以被其他 Python 程序引入，以使用该模块中的函数、类等相关功能。模块是单个的 Python 代码文件，而包是一个包含多个模块的目录，可以把这个包理解为文件夹，不同的是，Python 中的包比我们生活中常用的文件夹多了一个"__init__.py"文件，这个文件默认是空的，里面什么都没有写，可以在里面定义一些初始化代码。

### 6.9.1　模块的分类

#### 1. 标准库模块

标准库模块是指 Python 解释器在安装以后自带的函数模块，直接使用命令导入即可。Python 中提供很多标准库模块，如 os 模块、time 模块、random 模块、socket 模块、tkinter 模块等。另外，Python 为了满足更多人的开发需求，还提供了大量的第三方模块，功能涉及科学计算、数据库、图表制作、机器视觉、数据采集等。它们的使用方式和标准库模块一致，但是在使用前必须用 pip 工具进行下载。

### 2. 用户自定义模块

顾名思义，用户自定义模块就是用户自己编写的 Python 程序，该程序可以定义具有各种功能的函数，简称为用户自定义模块。当其他程序需要使用本模块中的函数时，需要先导入该模块或该模块中的指定函数。

【例 6-24】创建一个随机点名的模块。

```python
#RandomName.py
#上面为自己定义的模块名

import random
def random_name(nlist):
    random.shuffle(nlist)          #将名字列表中的名字随机打乱顺序
    cname = random.choice(nlist)   #在打乱顺序的列表中随机选择一个
    return  cname                  #返回随机选择的名字
```

上面设计的自定义模块已经定义完成，该模块实现的功能是从给定的列表中随机选取一个元素。

```python
import RandomName                   #导入用户自定义的模块
name_list = ["张三","李四","王五","赵六","孙七"]
gname = RandomName.random_name(name_list)
print("随机选取的名字是: ",gname)
```

运行结果如下：

张三

需要注意，因为这里是随机选取一个名字，所以各位读者在运行此代码时得到的结果可能不一样。

## 6.9.2　包

在一个系统目录下创建大量模块后，可以将某些功能相近的模块放在同一个文件夹下，以便更好地组织和管理模块，当需要某个模块时就从其所在的文件夹中导出，这时就需要用包的概念。

包其实就是一个文件夹，唯一的区别就是比文件夹多了一个"__init__.py"文件，"__init__.py"文件的内容默认空。"__init__.py"文件一般用来进行包的某些初始化操作，当导入包或该包中的模块时，须执行"__init__.py"文件。包示例如图 6-1 所示，json 包位于 Python 标准库中的 Lib 目录下。

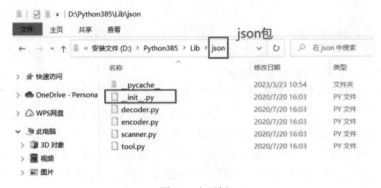

图 6-1　包示例

### 6.9.3 模块和包导入的方法

Python 中导入模块和包的方法是一样的，都可以使用 import 进行导入。

(1) 导入模块：使用 import 语句。

要导入 random 模块，可以使用以下语句。

```
import random
```

这样就把 random 模块导入当前的代码文件中，要使用这个模块中的函数或属性，只需要使用"random.函数名"或"ramdom.属性"的形式即可。

```
random.choice()
```

(2) 导入模块中的某一个函数或属性：使用"from…import…"语句。

在很多时候只需要使用某个模块中的某一个方法，那么可以针对要使用的函数方法进行导入，而不是导入整个模块。

```
from random import choice
```

如果要导入模块中的 3 个函数或多个函数，则可以使用下面的方式进行导入，多个函数之间用逗号隔开。

```
from random import choice,randint,shuffle
```

如果要导入这个模块里面的所有函数方法和属性，则使用"*"来表示。

```
from random import *
```

(3) 导入包的方法与导入模块的方法基本一致，导入子包中的模块：使用 import 语句，后面跟上包名和模块名，中间用点号分隔。

```
import package_name.module_name
```

也可以使用"from…import…"进行导入：导入子包中的特定函数、类或变量。

```
from package_name.module_name import func_name, class_name, var_name
```

## 6.10 自动售货机函数版

本案例的学习目标是模拟一个真实的自动售货机，让用户选择商品并完成付款。通过使用 Python 的基本语法、控制流程语句、函数等知识点，可以实现自动售货机的逻辑，并利用高级数据结构和算法(如列表、字典和循环)来增强其功能。

本案例同时也会提升我们对 Python 语法的理解，并进一步提升编程技能。通过本案例，我们将学会如何设计和实现一个简单但功能完善的程序。它不仅能够帮助我们加深对基本语法和控制流程的理解，还能锻炼我们的编程思维和解决问题的能力。

在本案例中，可以使用字典来存储商品信息，包括名称、价格和库存等。用户可以根据商品编号选择要购买的商品，并输入付款金额。程序将会判断用户的输入是否有效，并计算找零或提醒用户支付不足的金额。同时，还可以使用循环来实现连续购买的功能，直到用户选择退出。

```
import time

class CommodityCategory:
    #创建商品类,定义商品名称、商品价格和存货数量
    def __init__(self, name, price, surplus_count):
        self.name = name
        self.price = price
        self.surplus_count = surplus_count

class Order:
    #创建订单类,包括购买物品名称、价格和时间,以及购买数量
    def __init__(self, name, price, buy_time,buy_count):
        self.name = name
        self.price = price
        self.buy_time = buy_time
        self.buy_count = buy_count

#字符串时间对比
def compare_time(time1,time2):
    s_time = time.mktime(time.strptime(time1,'%Y-%m-%d %H:%M:%S'))
    e_time = time.mktime(time.strptime(time2,'%Y-%m-%d %H:%M:%S'))
    return int(s_time) - int(e_time)

#创建全局变量,即商品列表(通过实例化商品类 CommodityCategory 实现)
CommodityCategory_list = [
    CommodityCategory("美味坚果", 12, 50),
    CommodityCategory("卫龙辣条", 3, 41),
    CommodityCategory("无糖可乐", 3, 30),
    CommodityCategory("妙味橙汁", 4, 45),
    CommodityCategory("波力海苔", 6, 23),
]

#订单列表 list 用来存放订单数据
order_list = []

#输出商品列表
def show_CommodityCategory_list():
    print("序号\t 商品名称\t\t 价格\t 存货数量")
    i = 1
    for CommodityCategory in CommodityCategory_list:
        print("%d\t\t%s\t\t%s\t\t%s" % (i, CommodityCategory.name,
CommodityCategory.price,CommodityCategory.surplus_count))
        i += 1


#购买商品函数
def buy_CommodityCategory():
    buy_obj = {}
    while(True):
        op = input("1.购买商品 2.结账 3.退出 \n")
        if op == "1":
```

```python
            CommodityCategory_id = int(input("请输入需要购买商品的序号：\n")) - 1
            if CommodityCategory_id > len(CommodityCategory_list) or
CommodityCategory_id < 0:
                    print("选择错误!请重新选择正确的序号! ")
            else:
                CommodityCategory = CommodityCategory_list[CommodityCategory_id]
                if CommodityCategory.surplus_count > 0:
                    buy_count = int(input("请输入购买数量: "))

                    #限制库存提示
                    if buy_count> CommodityCategory.surplus_count:
                        print("库存不足,请及时补货! ")
                    else:
                        buy_obj[CommodityCategory_id] = buy_count
                else:
                    print("库存不足,请及时补货! ")
        elif op == "2":
            need_pay_money = 0
            for CommodityCategory_id in buy_obj.keys():
                buy_count = buy_obj[CommodityCategory_id]
                CommodityCategory = CommodityCategory_list[CommodityCategory_id]
                need_pay_money += CommodityCategory.price * buy_count

            if need_pay_money<=0:
                return

            print ("您购买了:")
            print("商品名\t\t 商品价格\t\t 购买数量")
            for CommodityCategory_id in buy_obj.keys():
                buy_count = buy_obj[CommodityCategory_id]
                CommodityCategory= CommodityCategory_list[CommodityCategory_id]
                print("%s\t\t%s\t\t%s\n" % (
                    CommodityCategory.name,CommodityCategory.price, buy_count))

            print ("需要支付的金额:\t",need_pay_money)
            money = float(input("请输入支付金额: \n"))

            if money >= need_pay_money:

                #购买成功以后需要减少库存量
                for CommodityCategory_id in buy_obj.keys():
                    buy_count = buy_obj[CommodityCategory_id]
                    CommodityCategory= CommodityCategory_list[CommodityCategory_id]
                    CommodityCategory.surplus_count= CommodityCategory.surplus_
                        count - buy_count
                    CommodityCategory_list[CommodityCategory_id]= CommodityCategory
                    #购买成功并且库存量减少以后才能生成订单
                    timeArray = time.localtime(int(time.time()))
                    order_list.append(Order(CommodityCategory.name,
CommodityCategory.price * buy_count, time.strftime("%Y-%m-%d %H:%M:%S",
timeArray),buy_count))
```

```
                    #购买成功以后将购物车清空
                    buy_obj.clear()

                    #判断是否找零,若实际支付金额大于应支付金额，则需要找零
                    if money - need_pay_money >0:
                        print("购买成功：找回%.2f元! " % (money - need_pay_money))
                    else:
                        print("购买成功!")
                    break

                else:
                    print("金额不足! 支付失败! ")
            elif op == "3":
                break

#输出订单列表
def print_list_orders():
    is_query_all = int(input("请选择查询方式： 1.查询全部销量 2.按时间查询销量\n"))

    query_order_list = []

    if is_query_all  == 2:

        time_str = time.localtime(int(time.time()))
        now_time = time.strftime("%Y-%m-%d %H:%M:%S", time_str)

        start_time = input("请输入开始时间 例如:"+now_time+"\n")
        end_time = input("请输入结束时间 例如:"+now_time+"\n")
        for order in order_list:
            compare_num1 = compare_time(order.buy_time,start_time)
            compare_num2 = compare_time(order.buy_time,end_time)
            if compare_num1>=0 and compare_num2<=0:
                query_order_list.append(order)
        i = 1
        print("序号\t\t商品名\t\t支付金额\t\t购买数量\t\t购买时间")
        for order in query_order_list:
            print("%d\t\t%s\t\t%s\t\t%s\t\t%s" % (
                i, order.name, order.price,order.buy_count,order.buy_time))
            i += 1
    elif is_query_all  == 1:
        i = 1
        print("序号\t\t商品名\t\t支付金额\t\t购买数量\t\t购买时间")
        for order in order_list:
            print("%d\t\t%s\t\t%s\t\t%s\t\t%s" % (
                i, order.name, order.price,order.buy_count,order.buy_time))
            i += 1

def exit_preo():
    print("已退出，欢迎下次光顾! ")
```

```
if __name__ == '__main__':
    choice_method = {"1":show_CommodityCategory_list,
                     "2":buy_CommodityCategory,
                     "3":print_list_orders,
                     "4":exit_preo
                     }
    while(True):
        con_info ="""
********************************
*    欢迎光临 Python 购物小店    *
********************************
1.商品列表              2.购买商品
3.销售查询              4.退出

请选择操作:
        """
        choice = input(con_info)
        choice_method.get(choice)()   #通过字典取值的方法调用相关函数的功能
```

这是一个简单的超市购物程序,使用 Python 进行编写。用户可以查看商品列表、购买商品、生成订单、查看订单列表等。具体实现的功能如下。

(1) 商品类 CommodityCategory,包括商品的名称、价格和库存数量。

(2) 订单类 Order,包括购买商品名称、价格、时间,以及购买数量。

(3) 字符串时间对比函数 compare_time。

(4) 全局变量商品列表 CommodityCategory_list 和订单列表 order_list。

(5) 输出商品列表函数 show_CommodityCategory_list。

(6) 购买商品函数 buy_CommodityCategory,包括查看商品列表、选择购买商品、选择购买数量、结账等功能。

(7) 输出订单列表函数 print_list_orders。

该程序运行时,首先会输出商品列表,用户可以选择购买商品,并选择购买数量。当用户选择结账时,程序会输出购买商品的清单,并提示需要支付的金额,用户需要输入支付的金额。如果实际支付金额大于应支付金额,则需要找零。如果购买成功,则程序会减少相应商品的库存数量,并生成订单。最后,用户可以查看订单列表。

该程序比较简单,但是涵盖了 Python 中的类、函数、全局变量、字符串时间处理等多个基本知识点,适合初学者进行学习和实践。

## 📖 本章小结

本章详细介绍了 Python 中函数的核心知识,包括函数的定义和调用、参数的默认值、可变参数、函数的命名空间和作用域、匿名函数、递归函数、高阶函数、生成器和装饰器等知识点。掌握这些知识对于编写高效且易于维护的 Python 代码至关重要。

(1) 通过学习函数的定义和调用,将能够创建自己的函数并在需要的时候进行调用,这使函数更加灵活和易用。另外,学习了使用可变参数来接收不确定数量的参数,从而增加了函数的通用性。

(2) 理解函数的命名空间和作用域是编写高质量代码的关键。掌握命名空间和作用域的概念可以避免命名冲突，并更好地组织和管理你的代码。

(3) 匿名函数是一种简洁而强大的函数形式，可以在不定义具名函数的情况下使用它们。递归函数则允许函数调用自身，这在解决某些问题时非常有用。

(4) 高阶函数是指可以接收函数作为参数或返回函数的函数。它们能够提高代码的复用性和可读性，并促进函数式编程的思想。

(5) 生成器是一种按需生成值的特殊函数形式，通过使用关键字 yield 可以实现。生成器能够节省内存空间，并用于处理大型数据集或无限序列等场景。

(6) 装饰器是一种用于修改函数行为的函数。通过应用装饰器，可以在不改变原始函数代码的情况下，增加额外的功能。装饰器提供了一种优雅且灵活的方式来扩展函数的功能，如添加日志、缓存结果等。

# ✍ 思考与练习

## 一、选择题

1. 调用函数时，如果没有指定参数的值，则会使用的默认值是(　　)。
   A. 第一个参数的默认值　　　　　　B. 最后一个参数的默认值
   C. 所有参数的默认值　　　　　　　D. 不使用默认值
2. 可变参数指的是(　　)。
   A. 函数中的参数可以随意变动　　　B. 函数的参数个数是不固定的
   C. 函数的参数类型是不固定的　　　D. 函数的参数可以随意命名
3. 在 Python 中，下列(　　)语句可以修改全局变量。
   A. global var_name　　　　　　　B. var_name = new_value
   C. def var_name(new_value):　　　D. None of the above
4. lambda 表达式可以用来定义(　　)类型的函数。
   A. 只有一个参数的函数　　　　　　B. 只有一个表达式的函数
   C. 没有参数的函数　　　　　　　　D. 有多个参数的函数
5. 生成器是(　　)。
   A. 一种特殊的函数　　　　　　　　B. 一种特殊的变量类型
   C. 一种特殊的数据结构　　　　　　D. 一种特殊的控制流程
6. 装饰器是(　　)。
   A. 一种特殊的函数　　　　　　　　B. 一种特殊的变量类型
   C. 一种特殊的数据结构　　　　　　D. 一种特殊的控制流程

## 二、填空题

1. 函数的定义使用关键字_____。
2. 可变参数在函数定义时使用_____符号。
3. 命名空间是一个_____，用来存储变量名与对象之间的映射关系。
4. 使用关键字_____可以在函数内部引用全局变量。
5. 生成器是一种特殊的函数，使用关键字_____可以将其定义为生成器函数。
6. 匿名函数可以使用 lambda 关键字进行定义，如"lambda x, y: x + y"表示接收两个参数 x

和 y，并返回它们的_____。

### 三、编程题

1. 编写一个函数，接收一个字符串作为参数，返回该字符串中所有字母的出现次数。

示例输入：'hello, world!'。

示例输出：{'h': 1, 'e': 1, 'l': 3, 'o': 2, ',': 1, ' ': 1, 'w': 1, 'r': 1, 'd': 1, '!': 1}

2. 编写一个函数，接收一个列表作为参数，返回列表中所有奇数的平方值组成的列表。

示例输入：[1, 2, 3, 4, 5]。

示例输出：[1, 9, 25]。

3. 设计递归函数实现字符串逆序。

4. 编写函数，模拟 Python 内置函数 sorted()的功能，以列表数据进行测试。

5. 如果一个 n 位数刚好包含了 1～n 中所有数字各一次，则称它是全数字。例如，四位数 1324 就是包了 1～4 中所有数字各一次，因此 1324 就是一个全数字。从键盘上输入一组整数，输出其中的全数字。

6. 从键盘上输入一个列表，编写一个函数可以计算列表元素的平均值。

# 面向对象编程  第**7**章

Python 是一种支持面向对象的编程语言，在 Python 中，类和对象是非常重要的概念。本章将重点介绍类、对象、继承、多态等，通过实践案例来更好地帮助读者理解这些概念并掌握它们的应用，理解面向对象编程的思想和技术，并具备使用面向对象编程设计和开发程序的能力。无论是针对小型项目还是大型应用，掌握面向对象编程都将成为开发者的强大工具，从而提高代码的可复用性、可维护性和扩展性。

## 学习目标

- ➢ 理解类和对象的概念
- ➢ 掌握定义类和实例化对象的操作方法
- ➢ 掌握类方法和静态方法的使用方法
- ➢ 掌握继承和多态的概念及应用

# 7.1　面向对象概述

面向对象(Object Oriented)的英文缩写是 OO，它是一种设计思想。从 20 世纪 60 年代提出面向对象的概念到现在，它已经发展成为一种比较成熟的编程思想，并且逐步成为目前软件开发领域的主流技术。例如，我们经常听说的面向对象编程(Object Oriented Programming, OOP)就是主要针对大型软件设计而提出的，它可以使软件设计更灵活，并且能更好地进行代码复用。

面向对象中的对象(Object)，是指客观世界中存在的对象，这个对象具有唯一性，每一个对象都有自己的运动规律和内部状态；对象与对象之间是可以相互联系、相互作用的。另外，对象也可以是一个抽象的事物。例如，可以将圆形、正方形、三角形等图形抽象为一个简单图形，简单图形就是一个对象，它有自己的属性和行为，图形中边的个数是它的属性，输出图形的面积就是它的行为。概括地讲，面向对象技术是一种从组织结构上模拟客观世界的方法。

世间万物皆对象！现实世界中，随处可见的事物就是对象，对象是事物存在的实体，如一个人。

通常将对象划分为两个部分，即静态部分与动态部分。静态部分被称为"属性"，任何对象都具备自身属性，这些属性不仅是客观存在的，而且是不能被忽视的，如人的性别。动态部分指的是对象的行为，即对象执行的动作，如人可以行走。

---

**注意 >>>** 在 Python 中，一切都是对象，即不仅是具体的事物被称为对象，字符串、函数等也都是对象。

---

# 7.2　定义类

类是一种抽象的概念，用于定义对象的行为和属性。可以将类看作是一个模板或蓝图，描述了对象具有的共同特征和可执行的操作，即具有相同属性和行为的一类实体被称为类。

例如，假设我们定义一个大雁类(Geese)。这个类可以包含大雁对象(wildGeese)共有的属性(如体长、羽毛颜色)和方法(如飞行、叫声)。

通过定义大雁类，我们可以根据需要创建多个大雁对象。每个对象都是类的一个实例，具有自己的特定属性值，但它们共享相同的属性和方法定义。

在 Python 中，类是一种创建对象的机制，它定义了对象的属性和方法，用于描述对象的共同属性和行为。

在 Python 中，使用 class 关键字来定义类。类定义包括类名和类体。类名通常采用首字母大写的命名规则，类体包含类的属性和方法的定义。下面是一个简单的类定义示例。

```
class MyClass:
    #代码块
    pass
```

在上述代码中，定义了一个名为 MyClass 的类，但在类体中暂时没有具体的代码实现。

# 7.3　创建对象

在 Python 中，面向对象编程的核心是对象。对象是类的实例，它具有特定的属性和方法。创建对象时需要完成以下几个步骤。

(1) 定义类：使用 class 关键字定义一个类。在类中，定义属性和方法来描述对象的行为和特征。

(2) 创建对象：使用类名调用构造函数__init__来创建一个对象。构造函数用于初始化对象的属性，可以接收参数来设置属性的初始值。

(3) 使用对象：使用对象来访问属性和方法。通过对象的属性来访问对象的状态，通过对象的方法来实现对象的行为。

【例 7-1】创建一个 Person 类，并使用该类创建对象。

```
class Person:    #定义类
    def __init__(self, name, age):
        self.name = name
        self.age = age

    def say_hello(self):
```

```
        print(f"你好,我的名字是{self.name}, 我今年{self.age}岁了")

#创建对象
person1 = Person("小明", 25)
person2 = Person("小红", 30)

#使用对象
person1.say_hello()
person2.say_hello()
```

运行结果如下:

```
你好,我的名字是小明, 我今年 25 岁了
你好,我的名字是小红, 我今年 30 岁了
```

在例 7-1 中,定义了一个 Person 类,该类有一个构造函数__init__,初始化了对象的属性 name 和 age。类还有一个方法 say_hello,用于输出对象的信息。

创建了两个 Person 对象,一个是 person1,名字为小明,年龄为 25;另一个是 person2,名字为小红,年龄为 30。使用对象的 say_hello 方法来输出它们的信息。

总之,在 Python 中创建对象时需要先定义类,然后使用类名调用构造函数来创建对象。对象有自己的属性和方法,可以通过对象来访问它们。

# 7.4　类的成员

类(Class)是一种重要的数据类型,它允许创建自定义的数据类型,并在程序中使用。类可以包含若干个成员,这些成员可以包括属性和方法。属性指的是类中的变量,用于存储对象的状态信息;方法指的是类中的函数,用于表示对象的行为。类的成员可以分为下面几种类型。

## 7.4.1　实例变量

在 Python 中,实例变量是对象的属性,它们存储在对象中,而不是类中。实例变量可以存储对象的状态,并且可以在对象的方法中进行访问和修改。

在类的定义中,通过 self 关键字引用实例变量。在类的方法中,使用 self 关键字来访问和修改实例变量。在对象的构造函数中,使用 self 关键字来初始化实例变量。

【例 7-2】定义 Rectangle 类和使用对象的实例变量。

```
#定义类
class Rectangle:
    def __init__(self, width, height):
        self.width = width
        self.height = height

    def area(self):  #类方法
        return self.width * self.height

#创建对象
rect1 = Rectangle(10, 20)
```

```
rect2 = Rectangle(5, 15)

#使用对象
print(rect1.width)      #输出:10
print(rect2.height)     #输出:15
print(rect1.area())     #输出:200
print(rect2.area())     #输出:75
```

在例 7-2 中，定义了一个 Rectangle 类，该类有一个构造函数__init__，用于初始化对象的实例变量 width 和 height。类还有一个方法 area，用于计算矩形的面积。

创建了两个 Rectangle 对象，一个是 rect1，宽度为 10，高度为 20；另一个是 rect2，宽度为 5，高度为 15。使用对象的实例变量来输出它们的宽度和高度，使用对象的方法来计算它们的面积。

在 Python 中，实例变量存储在对象中，通过 self 关键字引用。实例变量可以在对象的构造函数中进行初始化，并在对象的方法中进行访问和修改。实例变量允许我们存储对象的状态，使对象可以更好地模拟现实世界的实体和行为。

### 7.4.2 构造方法

在 Python 中，构造方法是一种特殊的方法，该方法通常使用__init__方法来定义，在对象创建时自动调用。

构造方法可以接收参数，这些参数用于初始化对象的实例变量。在构造方法中，使用 self 关键字来引用对象，并使用点操作符"."来访问和修改实例变量。

【例 7-3】定义 BankAccount 类并且定义构造方法__init__。

```python
#定义类
class BankAccount:
    def __init__(self, account_number, balance):
        self.account_number = account_number   #用户
        self.balance = balance         #用户余额

    #存款函数
    def deposit(self, amount):
        self.balance += amount
        print(f"存款 {amount} 当前余额: {self.balance}")

    #取款函数
    def withdraw(self, amount):
        if self.balance < amount:
            print("资金不足!")
        else:
            self.balance -= amount
            print(f"取款 {amount} 当前余额: {self.balance}")

#创建对象
account1 = BankAccount("123456", 1000.0)
account2 = BankAccount("789012", 500.0)

#使用对象
account1.deposit(200.0)
```

```
account2.withdraw(100.0)
```

运行结果如下：

```
存款 200.0 当前余额：1200.0
取款 100.0 当前余额：400.0
```

在例 7-3 中，定义了一个 BankAccount 类，该类有一个构造方法__init__，用于初始化银行账户对象的属性，即账号和余额。类还有两个方法 deposit 和 withdraw，用于进行存款和取款操作。

创建了两个 BankAccount 对象，一个是 account1，账号为"123456"，余额为 1000.0；另一个是 account2，账号为"789012"，余额为 500.0。使用对象的 deposit 和 withdraw 方法来进行存款和取款操作，并输出相应的结果。

## 7.4.3　实例方法

实例方法是面向对象编程中常用的一种方法类型，它可以访问类实例的属性和方法，并且可以修改这些属性。在 Python 中，实例方法是定义在类中的函数，使用 self 关键字来引用对象实例本身。

【例 7-4】创建 Car 类和定义实例方法 accelerate、brake、get_ speed。

```
class Car:
    def __init__(self, brand, model, year):
        self.brand = brand
        self.model = model
        self.year = year
        self.speed = 0

    def accelerate(self, amount):      #加速的实例方法
        self.speed += amount

    def brake(self, amount):           #刹车的实例方法
        if self.speed >= amount:
            self.speed -= amount
        else:
            self.speed = 0

    def get_speed(self):               #获取速度的实例方法
        return self.speed
```

在例 7-4 中，定义了一个 Car 类，它有品牌、型号、年份和速度 4 个属性。accelerate 和 brake 是实例方法，用于加速和刹车操作。get_speed 是另一个实例方法，用于获取当前的速度信息。

要调用实例方法，需要先创建类的实例。例如，要创建一辆名为 my_car 的汽车，并将其加速 10 个单位，可以按照以下方式进行操作。

```
my_car = Car("Toyota", "Prius", 2020)
my_car.accelerate(10)
print(my_car.get_speed())            #输出：10
```

在上述代码中，首先创建了一个名为 my_car 的 Car 实例，并将其品牌、型号和年份设置为 "Toyota" "Prius"和 2020。然后，调用 my_car 的 accelerate 方法，并将速度增加了 10 个单位。最后，使用 get_speed 方法获取当前的速度信息，并将其输出到控制台。

> **注意 >>>** 实例方法可以访问和修改类实例的属性，因此在编写实例方法时，通常需要使用 self 关键字来引用对象实例本身。在上述示例中，在 accelerate 和 brake 方法中都使用了 self.speed 来访问当前的速度属性。

### 7.4.4　类变量

类变量是 Python 中面向对象编程中的一种特殊变量类型，它与类相关联而不是与实例相关联。在类定义中，可以使用类变量来存储和跟踪某个类的属性，这些属性可以被该类所有的实例共享。

【例 7-5】创建 Car 类，以及定义类变量 car_count。

```python
class Car:
    car_count = 0

    def __init__(self, brand, model, year):
        self.brand = brand
        self.model = model
        self.year = year
        Car.car_count += 1
```

在例 7-5 中，定义了一个名为 car_count 的类变量，用于跟踪 Car 类的实例数量。每当创建一个新的 Car 实例时，都会将 car_count 增加 1。

要访问类变量，可以使用类名或实例名来引用它。例如，要获取当前 Car 实例的数量，可以按照以下方式进行操作。

```python
print(Car.car_count)            #输出: 0

my_car1 = Car("Toyota", "Corolla", 2018)
print(my_car1.car_count)        #输出: 1

my_car2 = Car("Honda", "Civic", 2020)
print(my_car2.car_count)        #输出: 2
```

在上述代码中，首先输出了 Car 类的初始实例数量，即 0。然后，创建了两个不同的 Car 实例，并分别输出它们的 car_count 属性。由于 car_count 是类变量，所以无论是通过类名还是实例名来引用它，结果都是相同的。

需要注意的是，类变量可以被该类所有的实例共享，并且可以被修改。因此，在编写变量时，应当小心处理，避免意外地修改其值。

### 7.4.5　类方法

类方法是定义在类中的方法，与对象的状态无关，但与类相关。Python 类方法和实例方法相似，它最少要包含一个参数，只不过类方法中通常将其命名为 cls，Python 会自动将类本身绑定给 cls 参数(注意，绑定的不是类对象)。也就是说，在调用类方法时，无须显式地为 cls 参数传参。

和 self 一样，cls 参数的命名也不是规定的(可以随意命名)，只是 Python 程序员约定俗成的习惯而已。

和实例方法最大的不同在于，类方法需要使用@classmethod 修饰符进行修饰。

【例 7-6】创建 Person 类并使用@classmethod 定义类方法 get_count。

```python
class Person:
    count = 0

    def __init__(self, name):
        self.name = name
        Person.count += 1

    @classmethod
    def get_count(cls):
        return cls.count

person1 = Person("Alice")
person2 = Person("Bob")
print(Person.get_count())    #输出:2
```

在例 7-6 中，get_count() 是一个类方法，它返回创建的 Person 实例的数量。cls.count 引用类属性 count，因此它是所有 Person 实例的计数器。

注意 >>> 类方法推荐使用类名直接调用，当然也可以使用实例对象来调用(不推荐)。

## 7.4.6  静态方法

在 Python 中，静态方法(Static Method)是一种属于类而不属于实例的方法。它们在类中定义，并且可以通过类名直接调用，而不需要创建类的实例。

在 Python 中，可以使用装饰器@staticmethod 来声明一个静态方法。静态方法没有 self 参数，因此它们不能访问类或实例的属性和方法。它们只是一个与类相关的函数，静态方法没有类似 self、cls 这样的特殊参数，因此 Python 解释器不会对它包含的参数进行任何类或对象的绑定。正因为如此，类的静态方法中无法调用任何类属性和类方法。

【例 7-7】创建 MyClass 类并使用@staticmethod 定义静态方法 my_static_method。

```python
class MyClass:

    @staticmethod
    def my_static_method(x, y):
        return x + y

result = MyClass.my_static_method(3, 5)
print(result)        #输出: 8
```

在例 7-7 中，声明了一个静态方法 my_static_method，静态方法没有 self 和 cls 这样的参数，它接收两个参数 x 和 y，并返回它们的和。然后通过类名 MyClass 直接调用这个静态方法，并将结果赋给 result 变量。最后，输出 result 的值，它应该是 8。

需要注意的是，静态方法通常用于不依赖于类或实例状态的操作。它们在设计模式中通常用于创建单例对象或工厂方法。

# 7.5 封装性

封装性是面向对象编程的核心概念之一，它指的是将数据和行为包装在类中，并隐藏内部细节，只暴露必要的接口，从而实现更好的代码隔离和安全性管理。封装性的实现需要使用访问控制机制，即通过修饰符来限制成员的访问权限。

## 7.5.1 私有属性

在 Python 中，如果一个属性以两个下画线(__)开头但不以两个下画线结尾，那么它被视为类的私有属性。私有属性只能在类内部被访问，无法在类外部直接访问。这是 Python 中的一种封装机制，可以确保类的内部实现细节不被外部访问或修改。

【例 7-8】创建 MyClass 类并设置私有属性 private_var。

```
class MyClass:
    def __init__(self):
        self.public_var = "我是一个公有属性"
        self.__private_var = "我是一个私有属性"

    def get_private_var(self):
        return self.__private_var
myObject = MyClass()

print(myObject.public_var)                #输出:"我是一个公有属性"
#print(myObject.__private_var)            #这一行代码会导致 AttributeError 错误
print(myObject.get_private_var())         #输出:"我是一个私有属性"
```

在例 7-8 中，定义了一个名为 MyClass 的类，它包含一个名为 public_var 的公共属性和一个名为 __private_var 的私有属性。在构造函数中，先初始化这两个属性，通过 get_private_var 方法来访问私有属性，而不是直接访问。因为私有属性只能在类内部访问，需要提供一个方法才能获取它的值。

> **注意 》》》** 虽然 Python 有私有属性的概念，但它们的私有并不是绝对的，通过一些特殊的方式，仍然可以在类外部访问和修改它们。因此，私有属性的主要目的是帮助程序员更好地组织代码和保护类的内部实现细节，而不是提供绝对的数据安全性。

## 7.5.2 私有方法

Python 中的类方法也可以分为公有方法和私有方法。公有方法无须特别声明，而私有方法的声明需要在方法名前面添加两个下画线(如 __private_method())。类私有方法只能在类内部进行调用，而其他的代码无法直接调用这些私有方法。这种设计可以确保类的实现细节不会被外部代码访问和修改。

公有方法可以通过对象名直接调用，私有方法的调用则需要使用下面的方式进行。

对象名._类名_私有方法名()

【例 7-9】演示在 MyClass 类中定义私有方法 studyMethod。

创建一个 MyClass 类，这个类中需要有一个私有方法 studyMenthod。要访问这个私有方法 studyMenthod，则需要先实例化一个对象 mc，然后通过上述私有方法的调用规则来使用该方法。

```
class MyClass:
    def __studyMethod(self): #定义私有方法需要在方法名前面加上双下画线
        print("我是 MyClass 类中的私有方法 studyMethod")
    def student(self):        #公有方法
        print("我是 MyClass 类中的公有方法 student")


#实例化对象
mc = MyClass()
#使用公有方法
mc.student()                   #输出: 我是 MyClass 类中的公有方法 student
#使用私有方法
mc._MyClass__studyMethod()     #输出: 我是 MyClass 类中的私有方法 studyMethod
```

虽然 Python 中有私有方法的概念，但并不能完全保护方法不被外部代码访问。建议尽可能避免使用这种方式来访问私有方法，而是通过公共方法来封装类的实现细节。

## 7.5.3　使用属性

属性是类的一种重要特性，它可以让使用者以面向对象的方式来访问和修改类的状态。属性类似于变量，但它们通常与特定的对象相关联，可以在类的方法中使用。

属性有如下特点。

(1) 访问属性时可以制造出和访问字段完全相同的假象，属性由方法衍生而来，如果 Python 中没有属性，则方法完全可以代替其功能。

(2) 定义属性可以动态获取某个属性值，属性值由属性对应的方式实现，应用更灵活。

(3) 可以制定自己的属性规则，用于防止他人随意修改属性值。

定义一个属性时，可以使用@property 装饰器以及相应的 getter 和 setter 方法来实现。

【例 7-10】使用@property 装饰实例方法来使用属性。

```
class Car:
    def __init__(self, make, model, year):
        self._make = make
        self._model = model
        self._year = year
        self._mileage = 0
    @property
    def make(self):
        return self._make
    @property
    def model(self):
        return self._model
    @property
```

```
    def year(self):
        return self._year
    @property
    def mileage(self):
        return self._mileage
    @mileage.setter
    def mileage(self, value):
        if value < self._mileage:
            raise ValueError("Mileage cannot be decreased")
        self._mileage = value

    def drive(self, miles):
        self.mileage += miles

my_car = Car('Toyota', 'Camry', 2022)    #实例化类
print(my_car.make)                        #输出：Toyota

my_car.drive(100)
print(my_car.mileage)                     #输出：100

my_car.mileage = 50                       #会抛出 ValueError 异常，因为里程数不能减少
```

在例 7-10 中，定义了一个 Car 类，它有 3 个属性：make、model 和 year，它们都是只读属性，只能通过相应的 getter 方法来访问。另外，这个类还有一个 mileage 属性，它是可读写的，并且定义了 setter 方法来确保里程数不能减少。

在使用这个类时，可以像访问普通属性一样访问 make、model、year 和 mileage 属性。同时，还可以使用 drive 方法来改变里程数，而不需要直接访问 mileage 属性。

总之，属性是一种非常有用的特性，它可以让使用者以面向对象的方式来访问和修改类的状态。使用@property 装饰器以及相应的 getter 和 setter 方法可以方便地实现属性，从而让代码更加简洁、易懂。

# 7.6 继承性

继承性是面向对象编程的重要概念之一，是面向对象编程的重要特征，也是一种强大的编程技术。它是指一个类可以继承另一个类的属性和方法，从而避免了重复编写代码，提高了代码的可重用性和可维护性。在 Python 中，继承性是通过类之间的父子关系来实现的，即子类继承自父类，并可以添加额外的属性和方法。

## 7.6.1 Python 中的继承

Python 提供了类的继承机制。这种机制为代码的复用带来了极大的方便，它可以通过修改或扩展一个已经存在的类来新建类。新建的类不仅可以继承和修改原有类的共有属性和方法，同时还可以定义新的属性和方法，原有的类被称为"基类"或"父类"，通过继承新产生的类被称为"子类"或"派生类"，这种继承的思想我们可以理解为"子承父业"。

单继承派生类的语法格式如下。

```
class 子类名(父类名):
```

在上述语法中，父类必须是一个已经存在的类，如果不写则默认子类继承 Python 中的 object 类。

【例 7-11】创建 Tiger 类并继承 Animal 类。

```
class Animal(object):         #定义一个动物类
    def __init__(self):
        self.run = "爬行"
        self.life = "野外"

    def eat(self):             #类的实例方法
        print("自己进行觅食")

#定义一个老虎类 Tiger，老虎属于动物，所以它继承于动物类 Animal
class Tiger(Animal):
    def color(self):
        print("我是老虎类的方法，我的颜色是黄色")

#实例化类 Tiger
tiger = Tiger()
print(tiger.run)            #输出：奔跑
print(tiger.life)          #输出：野外
tiger.eat()                #输出：自己进行觅食
tiger.color()              #输出：我是老虎类的方法，我的颜色是黄色
```

在例 7-11 中，Tiger()类继承自 Animal()类，故 Tiger()类被称为子类，Animal()类被称为父类，因此 Tiger()类拥有 Animal()类的公有属性和公有方法。

可以直接通过 tiger 调用 Animal()类的公有属性“run”和“eat”，公有方法“eat()”，而“color()”方法则是 Tiger()类自己的方法。

## 7.6.2　多继承

在前面的章节中介绍了 Python 中单继承的用法。除单继承外，Python 还支持多继承的方式。多继承与单继承在用法上是相似的，但也有一些不同之处需要注意。

(1) 子类会通过继承得到所有父类的公有方法，如果多个父类中有相同的方法名，则排在前面的父类方法会优先使用，排在后面的父类方法则不会生效。

(2) 若子类中的方法与继承的父类方法名称一致，则被称为方法重写或方法覆盖。

(3) 如果子类有多个继承的父类，那么排在前面的父类的构造方法会优先使用，排在后面的父类的构造则不会生效。

(4) 子类中调用父类的方法为父类名.方法名()。

【例 7-12】创建 Student 类且该类继承于 Human 类和 Person 类。

```
class Human(object):
    def __init__(self):
        self.sex = "男"
    def method(self):
        print("这是 Human 类的方法")
```

```
class Person(object):
    def __init__(self):
        self.name = "张三"
    def method(self):
        print("这是 Person 类的方法")
    def person(self):
        print("这是 Person 类独有一个方法")
```

在例 7-12 中，我们定义了两个类：Human 和 Person。这两个类都有自己的构造函数__init__()，并且构造函数中的实例变量分别是 sex 和 name。此外，它们还都有一个名为 method() 的方法。

当我们进行多继承时，Python 会按照从左到右的顺序继承父类。所以，在创建 Student 类时，我们可以让它继承自 Human 和 Person 类。

下面是示例代码。

```
class Student(Human,Person):     #创建 Student 类，继承类 Human 和 Person
    pass
stu = student()                  #实例化
stu.method()                     #调用继承的方法
print(stu.sex)                   #调用继承的实例变量
print(stu.name)                  #调用继承的实例变量
```

运行结果如下：

```
这是 Human 类的方法
男
AttributeError: 'Student' object has no attribute 'name'
```

由运行结果可知，stu.method() 调用的是 Human 类的方法，这是因为在 Student 类的多继承中，Human 类排在 Person 类前面，所以优先继承了 Human 类的方法。

同样地，在调用 stu.sex 时，返回的是继承自 Human 类的实例变量。

然而，当我们尝试调用 stu.name 时，会出现 AttributeError: 'Student' object has no attribute 'name' 的错误。这是因为 Student 类没有直接继承 Person 类的构造函数，所以没有继承到 name 实例变量。

### 7.6.3　方法重写

当子类需要改变或扩展父类的行为时，我们可以通过方法重写来实现。方法重写是指子类定义相同名称和参数列表的方法，以覆盖父类中的方法。当我们调用该方法时，子类的方法将被执行，而不是执行父类的方法。

在前面的章节中，发现在实现多继承时，写在后面的父类总是不占优势，那么针对上述情况有没有解决办法呢？当然，我们可以通过重写子类的方法或在子类中调用父类的方法来解决这个问题。

可以借助前面章节中创建的 Human 和 Person 两个类，再创建一个名为 StudentPlus 的子类，以展示在多个父类具有相同方法时，子类如何继承并重写这些方法。

【例 7-13】StudentPlus 类继承 Human 类和 Person 类并重写父类的 method 方法。

```
class StudentPlus(Human,Person):

    def __init__(self):                #重新构造子类的构造方法
```

```
        Human.__init__(self)            #在子类中调用父类的实例变量
        Person.__init__(self)

    def method(self):                   #重写子类的 method 方法
        Human.method(self)              #在子类中调用父类的实例方法
        Person.method(self)
        print(f"实现子类独有的逻辑:我的名字是【{self.grade}】,是一名【{self.sex}】生.")


stuPlus = StudentPlus()                 #创建对象
print("stuPlus.sex:",stuPlus.sex)
print("stuPlus.name:",stuPlus.name)
print("\nstuPlus.method():")
stuPlus.method()
print("\nstuPlus.person():")
stuPlus.person()
```

运行结果如下:

```
stuPlus.sex: 男
stuPlus.name: 张三

stuPlus.method():
这是 Human 类的方法
这是 Person 类的方法
实现子类独有的逻辑:我的名字是【张三】,是一名【男】生
stuPlus.person():
这是 Person 类独有的一个方法
```

在例 7-13 中,创建了 StudentPlus 子类,并同时继承了 Human 类和 Person 类。在 StudentPlus 类的构造函数中,重写了父类的构造函数,确保子类的实例变量正确地继承了父类的属性。

然后,重写了 method 方法。在子类的 method 方法中,首先使用 "类名.method()" 依次调用了父类的方法,这样子类就能继承父类的方法。然后,实现子类特有的逻辑,即输出自己的名字和性别。

# 7.7  多态性

多态是指同一个类型的变量可以引用不同的对象,从而表现出不同的行为。在 Python 中,多态性是通过继承、接口、类方法等方式实现的,通过多态性,我们可以根据对象的具体类型来调用相应的方法,而无须关心对象的具体类别。这为我们编写具有通用性和可复用性的代码提供了便利,同时也促进了代码的组织和架构设计。

在面向对象的编程中,多态性是一个重要的概念,它使程序的逻辑更加清晰,使代码更具有灵活性和可扩展性。

不同的对象调用相同的方法时会产生不同的结果。多态性可以理解为向不同的对象发送相同的消息,而这些对象在接收到消息时会根据自身特性以不同的方式进行响应,即执行不同的方法。这种行为类似于在教室上课时,老师通知每个学生到某个教室上课,而每个学生根据自己的情况选择不同的出发时间和出行方式。在 Python 中,我们可以通过继承、方法重写的方式实现多态性。

**【例 7-14】** 在 English 类和 Chinese 类中重写父类 People 的 speak()方法，实现多态。

```python
class People():
    def speak(self):
        print("我是一个人类")


class Chinese(People):              #继承 People 类
    def speak(self):                #重写父类的 speak()方法
        print("我是中国人，我用汉语交流")


class English(People):              #继承 People 类
    def speak(self):                #重写父类的 speak()方法
        print("I am British and I speak English")


def p_speak(peo):                   #定义一个方法，用来接收不同的对象
    peo.speak()


ch = Chinese()
eng = English()
p_speak(ch)
p_speak(eng)
```

运行结果如下：

```
我是中国人，我用汉语交流
I am British and I speak English
```

在例 7-14 中，我们定义了一个基类 People，并在其内部实现了 speak()方法用于输出人类的言语。接着，通过继承 People 类创建了两个子类：Chinese 和 English。这两个子类分别重写了父类的 speak()方法，以展示不同的行为。然后，我们定义了一个名为 p_speak()的方法，用于接收不同的对象作为参数。最后，我们创建了一个 Chinese 类的实例 ch 和一个 English 类的实例 eng，并分别将它们作为参数传递给 p_speak()方法进行调用。由于多态性的存在，无论传入的是 Chinese 类的实例还是 English 类的实例，都会根据对象的具体类型执行对应的 speak()方法，从而产生不同的输出结果。

## 7.8 基于面向对象版的收银系统

本节演练的代码是一个基于面向对象的收银系统，主要涉及了面向对象的基本概念(如类、对象、属性、方法等)。在本次演练中，我们将通过模拟实现一个基本的收银系统，包括商品信息的管理、购物车的管理，以及结算功能的实现。这个系统旨在模拟实际生活中的收银场景，并展示如何使用面向对象的方法来解决实际问题。

```python
class Product:
    """商品类"""

    def __init__(self, name, price, qty, id):
        self.name = name        #商品名称
        self.price = price      #商品价格
        self.qty = qty          #商品库存
```

```python
        self.id = id              #商品 ID

    def __str__(self):            #方法重写，修改返回的内容
        return f"{self.name}(单价：￥{self.price}，库存：{self.qty})"


class CashRegister:
    """收银台类"""

    def __init__(self):
        self.products = []
        self.stock = []           #商品库存
        self.admin = Admin("admin", "123456")   #设置管理员登录的账号密码

    def add_product(self, product):
        """添加商品到购物车"""
        if product in self.stock:
            self.products.append(product)
            self.stock.remove(product)
            print(f"{product.name}添加到购物车成功！")
        else:
            print(f"{product.name}库存不足！")

    def delete_product(self, product):
        """从购物车中删除商品"""
        if product in self.products:
            self.products.remove(product)
            self.stock.append(product)
            print(f"{product.name}从购物车中删除成功！")
        else:
            print(f"{product.name}不在购物车中！")

    def update_product(self, product, price=None, qty=None):
        """修改商品的价格和数量"""
        if price is not None:
            product.price = price
        if qty is not None:
            product.qty = qty

    def calculate_total(self):
        """计算总价"""
        total = 0
        for product in self.products:
            total += product.price * product.qty
        return total

    def settle_account(self, payment, method):
        """结算"""
        total = self.calculate_total()
        if payment < total:
            print("支付金额不足！")
```

```
            return
        change = payment - total
        print(f"支付金额：￥{payment}，应找零：￥{change}")
        if method == "现金":
            print("现金支付成功！")
        elif method == "银行卡":
            print("银行卡支付成功！")
        else:
            print("支付方式不正确！")
        self.products = []

    def add_product_to_stock(self, product):
        """添加商品到库存"""
        if product in self.stock:
            self.stock.remove(product)
            print(f"{product.name}已存在！")
        else:
            self.stock.append(product)
            print(f"{product.name}添加到库存成功！")

    def delete_product_from_stock(self, product):
        """从库存中删除商品"""
        if product in self.stock:
            self.stock.remove(product)
            print(f"{product.name}从库存中删除成功！")
        else:
            print(f"{product.name}不在库存中！")

    def update_product_in_stock(self, product, price=None, qty=None):
        """修改库存中的商品价格和数量"""
        if price is not None:
            product.price = price
        if qty is not None:
            product.qty = qty

    def login(self, username, password):
        """管理员登录"""
        if self.admin.login(username, password):
            print("管理员登录成功！")
            return True
        else:
            print("管理员用户名或密码错误！")
            return False


class Admin:
    """管理员类"""

    def __init__(self, username, password):
        self.username = username
        self.password = password
```

```
    def login(self, username, password):
        """管理员登录"""
        if username == self.username and password == self.password:
            return True
        else:
            return False
```

在上述代码中，定义了 3 个类：Admin、Product、CashRegister。

- 类 Admin 代表管理员，封装了 login 方法，实现登录的判断。
- 类 Product 代表商品，它包含商品名称、单价和数量等信息。
- 类 CashRegister 代表收银台，可以进行添加商品、计算总价和结算等操作。

我们在 CashRegister 类中使用一个 products 列表来保存所有添加的商品。在添加商品时，将商品实例添加到 products 列表中。在计算总价时，遍历所有的商品，将每个商品的单价乘以数量相加得到总价。在结算时，先计算总价，再与支付金额进行比较，如果支付金额不足则返回错误提示，否则计算应找零金额并输出。

delete_product 方法接收一个商品实例，如果该商品存在于列表中，则从列表中删除。update_product 方法用于修改商品的价格和数量，接收一个商品实例和两个可选参数 price 和 qty，给定了这些参数，则将商品的价格和数量分别修改为相应的值。settle_account 方法用于结算，接收两个参数：支付金额和支付方式。在这个方法中，首先计算总价，如果支付金额不足则返回错误提示，否则计算应找零金额并输出。然后根据支付方式输出不同的支付成功信息，并清空商品列表。

add_product_to_stock、delete_product_from_stock、update_product_in_stock 这 3 个方法用于实现管理商品库存。

```
#测试
register = CashRegister()
#添加商品到库存
register.add_product_to_stock(Product("可乐", 3, 2, '0001'))
register.add_product_to_stock(Product("薯片", 5, 3, '0002'))
register.add_product_to_stock(Product("饮料", 2, 4, '0003'))
#管理员登录
register.login("admin", "123456")
#添加商品到购物车
register.add_product(register.stock[0])     #可乐添加到购物车成功！
register.add_product(register.stock[0])     #可乐库存不足！
register.add_product(register.stock[1])     #薯片添加到购物车成功！
#从购物车中删除商品
register.delete_product(register.products[0])    #可乐从购物车中删除成功！
register.delete_product(register.products[0])    #可乐不在购物车中！
#修改购物车中的商品价格和数量
product = register.products[0]
register.update_product(product, price=4, qty=2)
#计算总价
total = register.calculate_total()
print(f"总价：￥{total}\n")
#结算
register.settle_account(10, "现金")    #应找零：￥3，现金支付成功！
#添加商品到库存
```

```
register.add_product_to_stock(Product("啤酒", 6, 5, '0004'))
#从库存中删除商品
register.delete_product_from_stock(register.stock[0])   #可乐从库存中删除成功!
register.delete_product_from_stock(register.stock[0])   #可乐不在库存中!
#修改库存中的商品价格和数量
product = register.stock[0]
register.update_product_in_stock(product, price=5, qty=3)
#添加未登录管理员
register.login("admin", "123")       #管理员用户名或密码错误!
#以错误密码登录管理员
register.login("admin", "123")       #管理员用户名或密码错误!
#以正确密码登录管理员
register.login("admin", "123456")  #管理员登录成功
```

运行上述代码,首先初始化商品数据,然后分别进行删除、修改、计算总价和结算等操作。

# 本章小结

本章主要介绍了面向对象编程(OOP)的基本概念和原则,介绍了类的定义、类的成员及创建对象的基本操作,介绍了面向对象编程的 3 个特性:封装、继承、多态。

在面向对象编程中,程序可以看作是对象组成的集合。每个对象都是该程序的一部分,具有自己的状态(数据)和行为(方法)。对象通过相互调用彼此的方法来协同工作,实现特定的功能。

继承、多态和封装等概念使程序具有更高的灵活性、可扩展性和可维护性。通过合理地设计和组织对象,我们可以构建出高效、结构清晰且易于理解的代码,这对于提高代码的可重用性、模块化和扩展性至关重要。

# 思考与练习

**一、填空题**

1. 在类中,所有实例方法都有一个共同的参数是(    )。
   A. self            B. cls            C. init              D. def
2. 现在有一个 People 类,需要调用 People 类中的实例方法 speak,应该写为(    )。
   A. People.speak              B. People().speak
   C. People().speak()          D. People.speak()
3. 在类中要实现一个静态方法,需要使用装饰器(    )。
   A. classmethod              B. staticmethod
   C. protety                  D. 以上都不对
4. A 类和 B 类都有一个实例方法 lower(),现在有一个 C 类通过 class C(A,B)继承了 A 类和 B 类,则 C().lower()得到的结果是(    )。
   A. A 类 lower()的结果          B. C 类 lower()的结果
   C. B 类 lower()的结果          D. A 类 lower()的结果和 B 类 lower()的结果

**二、编程题**

1. 编写程序,类 Basketball 继承于类 Ball,两个类都实现了 play 方法,类 Basketball 的 play 方法中调用类 Ball 的 play 方法。

2. 编写一个班级类,包含班级名称、教师名称、学生名单等属性,并实现添加和删除学生、查询学生人数、输出学生名单等方法。

3. 使用面向对象编写一个类,该类能够实现计算器的加、减、乘、除方法,要求这些方法全部为这个类的私有方法。

4. 设计一个图书管理系统,基类为 Book,要求有书名和作者属性,由 Book 类派生子类 AudioBook(有声书,需要具有演说者属性),对 Book 和 AudioBook 进行合理的属性及行为的抽象,同时实现该类的控制台输出方法。

读书笔记

Python 主要使用 os 模块和 shutil 模块对文件或文件夹进行处理。os 模块提供了许多操作系统相关的功能，而 shutil 模块是在 os 模块的基础上开发的，提供了更多高级的文件和文件夹操作功能。

本章首先介绍常用的文件格式，包括文本文件、表格文件、JSON 文件等；其次，使用 Python 内置的 os 模块和其他第三方模块对文件进行读或写操作；最后，以一个点餐系统设计来综合练习本章的核心知识点。

### 学习目标

➢ 了解常用的文件编码
➢ 掌握 os 模块操作文件和文件夹的方法
➢ 了解 shutil 模块操作文件和文件夹的方法
➢ 掌握数据的 JSON 序列化和反序列化的方法
➢ 了解 Pickle 的序列化操作
➢ 了解字节类型和字节数组类型

## 8.1 文本文件

文本文件是使用计算机过程中常使用的文件类型之一，如以.txt 结尾的文本文档、以.conf 结尾的配置文件等，都属于文本文件。在编程中常用的文本文件主要包括以.py 结尾的脚本文件、以.log 结尾的日志文件等。这些文件仅仅是扩展名和数据格式有所不同，但操作方式类似。

### 8.1.1 文件的编码

文件的编码，也被称为字符编码，用于定义在处理文本数据时如何表示这些数据。一些常见的编码格式包括 UTF-8、GBK、GB2312 等。不同的软件在处理文本时可能采用不同的编码格式，如默认情况下，Word 文档通常使用 GB2312 编码，而 txt 文本文档则可能采用 ANSI 编码。这些编码格式的选择在确保正确地处理和显示文本内容方面具有重要作用。

各种文件的内容对于计算机来讲本质上都是用 0 和 1 来表示，俗称二进制。而用 0、1 表示文字的方案就称为**编码**，区别是不同的编码表示的内容不一样，有的编码擅长表示汉字，有的编码擅长表示英语单词，有的编码更全能、更节省存储空间等。

### 1. ASCII

ASCII 码即美国信息交换标准代码，是基于拉丁字母的一套计算机编码系统，主要表示英文字母、常用标点符号、数字等，**无法显示汉字**。它用 8 个**比特**表示一个字符，其中 1GB=1024MB，1MB=1024KB，1KB=1024B，1B=8b。而 1b 可以表示 0 和 1 两种状态，那么 8 个 0 或 1 可以组合出 2^8=256 个字符，足以容纳键盘中输入的各类内容。每个字符都有对应的 ASCII 码，如图 8-1 所示。

ASCII可显示字符（共95个）

| 二进制 | 十进制 | 十六进制 | 图形 | 二进制 | 十进制 | 十六进制 | 图形 | 二进制 | 十进制 | 十六进制 | 图形 |
|---|---|---|---|---|---|---|---|---|---|---|---|
| 0010 0000 | 32 | 20 | (space) | 0100 0000 | 64 | 40 | @ | 0110 0000 | 96 | 60 | ` |
| 0010 0001 | 33 | 21 | ! | 0100 0001 | 65 | 41 | A | 0110 0001 | 97 | 61 | a |
| 0010 0010 | 34 | 22 | " | 0100 0010 | 66 | 42 | B | 0110 0010 | 98 | 62 | b |
| 0010 0011 | 35 | 23 | # | 0100 0011 | 67 | 43 | C | 0110 0011 | 99 | 63 | c |
| 0010 0100 | 36 | 24 | $ | 0100 0100 | 68 | 44 | D | 0110 0100 | 100 | 64 | d |
| 0010 0101 | 37 | 25 | % | 0100 0101 | 69 | 45 | E | 0110 0101 | 101 | 65 | e |
| 0010 0110 | 38 | 26 | & | 0100 0110 | 70 | 46 | F | 0110 0110 | 102 | 66 | f |
| 0010 0111 | 39 | 27 | ' | 0100 0111 | 71 | 47 | G | 0110 0111 | 103 | 67 | g |
| 0010 1000 | 40 | 28 | ( | 0100 1000 | 72 | 48 | H | 0110 1000 | 104 | 68 | h |
| 0010 1001 | 41 | 29 | ) | 0100 1001 | 73 | 49 | I | 0110 1001 | 105 | 69 | i |
| 0010 1010 | 42 | 2A | * | 0100 1010 | 74 | 4A | J | 0110 1010 | 106 | 6A | j |
| 0010 1011 | 43 | 2B | + | 0100 1011 | 75 | 4B | K | 0110 1011 | 107 | 6B | k |
| 0010 1100 | 44 | 2C | , | 0100 1100 | 76 | 4C | L | 0110 1100 | 108 | 6C | l |
| 0010 1101 | 45 | 2D | - | 0100 1101 | 77 | 4D | M | 0110 1101 | 109 | 6D | m |
| 0010 1110 | 46 | 2E | . | 0100 1110 | 78 | 4E | N | 0110 1110 | 110 | 6E | n |
| 0010 1111 | 47 | 2F | / | 0100 1111 | 79 | 4F | O | 0110 1111 | 111 | 6F | o |
| 0011 0000 | 48 | 30 | 0 | 0101 0000 | 80 | 50 | P | 0111 0000 | 112 | 70 | p |
| 0011 0001 | 49 | 31 | 1 | 0101 0001 | 81 | 51 | Q | 0111 0001 | 113 | 71 | q |
| 0011 0010 | 50 | 32 | 2 | 0101 0010 | 82 | 52 | R | 0111 0010 | 114 | 72 | r |
| 0011 0011 | 51 | 33 | 3 | 0101 0011 | 83 | 53 | S | 0111 0011 | 115 | 73 | s |
| 0011 0100 | 52 | 34 | 4 | 0101 0100 | 84 | 54 | T | 0111 0100 | 116 | 74 | t |
| 0011 0101 | 53 | 35 | 5 | 0101 0101 | 85 | 55 | U | 0111 0101 | 117 | 75 | u |
| 0011 0110 | 54 | 36 | 6 | 0101 0110 | 86 | 56 | V | 0111 0110 | 118 | 76 | v |
| 0011 0111 | 55 | 37 | 7 | 0101 0111 | 87 | 57 | W | 0111 0111 | 119 | 77 | w |
| 0011 1000 | 56 | 38 | 8 | 0101 1000 | 88 | 58 | X | 0111 1000 | 120 | 78 | x |
| 0011 1001 | 57 | 39 | 9 | 0101 1001 | 89 | 59 | Y | 0111 1001 | 121 | 79 | y |
| 0011 1010 | 58 | 3A | : | 0101 1010 | 90 | 5A | Z | 0111 1010 | 122 | 7A | z |
| 0011 1011 | 59 | 3B | ; | 0101 1011 | 91 | 5B | [ | 0111 1011 | 123 | 7B | { |
| 0011 1100 | 60 | 3C | < | 0101 1100 | 92 | 5C | \ | 0111 1100 | 124 | 7C | | |
| 0011 1101 | 61 | 3D | = | 0101 1101 | 93 | 5D | ] | 0111 1101 | 125 | 7D | } |
| 0011 1110 | 62 | 3E | > | 0101 1110 | 94 | 5E | ^ | 0111 1110 | 126 | 7E | ~ |
| 0011 1111 | 63 | 3F | ? | 0101 1111 | 95 | 5F | _ | | | | |

图 8-1　ASCII 表

如图 8-1 所示，小写字母 a 对应的十进制数为 97，大写字母 A 对应的十进制数为 65，因为 97>65，所以'a'>'A'，这就是字符串的比较方式。

**【例 8-1】**比较字符串 name1、name2、name3、name4 的大小。

```
name1 = 'ab'
name2 = 'abc'
name3 = 'Ab'
```

```
name4 = 'bc'
print('ab>abc', name1 > name2)
print('ab>Ab', name1 > name3)
print('abc>Ab', name2 > name3)
print('abc>bc', name2 > name4)
print('ab>bc', name1 > name4)
```

运行结果如下：

```
ab>abc False
ab>Ab True
abc>Ab True
abc>bc False
ab>bc False
```

> **注意 》》** 字符串的比较规则为：首先比较两个字符串中的第 1 个字符，如果相等则继续比较下一个字符，依次比较下去，直到两个字符串中的字符不相等时，即得两个字符串的比较结果，后续字符将不再被比较。

### 2. ANSI

ANSI 是一种字符代码，为使计算机支持更多语言，通常使用 0x00～0x7f 范围的 1 个字节来表示一个英文字符，超出此范围的使用 0x80～0xFFFF 来编码，即扩展的 ASCII 编码。例如，汉字"中"在中文操作系统中使用[0xD6,0xD0]这两个字节存储。本格式在编程中并不常用，只需要知道它是一种编码格式即可。

### 3. GB2312

《信息交换用汉字编码字符集 基本集》是由中国国家标准总局 1980 年发布，1981 年 5 月 1 日开始实施的一套国家标准，标准号是 GB/T 2312-1980。其中的 GB 其实就是国标拼音的首字母缩写。这种编码就是为了存储汉字而设计，其中收录了 6763 个汉字，也收录了拉丁字母、希腊字母等 682 个全角字符。

该编码的缺陷就是某些人名、古汉语中的罕用字无法处理，因此诞生了 GBK 和 GB18030 两种汉字字符集。

### 4. GBK 和 GB18030

GBK 诞生于 GB2312 之后，在 GB2312 的基础上新增了人名、繁体字、日语、朝鲜语等，全称为《汉字内码扩展规范》，共收录了 2 万多个汉字和字符。需要说明的是，GBK 只是技术规范指导性文件，不属于国家标准。而 GB18030 全称是《信息技术 中文编码字符集》(GB 18030-2022)，共收录了七万多个汉字和字符。

> **注意 》》** 从容纳量来讲，GB18030>GBK>GB2312。

### 5. Unicode

Unicode 编码是国际通用的文字编码，能表示 65 536 个字符。世界上大部分语言是由字母组成的，因此 Unicode 具备了"通用"的特点，所以又称为统一码、万国码。它为每种语言的每个字符都设定了统一并且唯一的二进制编码，用于满足跨语言、跨平台进行文本转换、处理的要求。

### 6. UTF-8

互联网的普及，强烈要求出现一种统一的编码方式，而 UTF-8 就是在互联网中使用最广泛的一种 Unicode 的实现方式。其最大的特点就是它是一种**变长**的编码方式，可以使用 1～4 个字节表示一个符号，且可以随着不同的符号而改变字节的长度，从而达到节约空间的目的。

### 7. 记事本编码格式

在 Windows 操作系统中新建一个文本文档，当选择另存为时，在打开的对话框中会出现列表框，其中的选项表示可用的编码格式，除已经提到过的 ANSI 和 UTF-8 外，还有 UTF-16、带有 BOM 的 UTF-8 等，本节不再过多阐述。

**注意 》》》** 不同的文件需要通过对应的软件才能打开。如果强行使用记事本打开以.doc 结尾的非.txt 格式文件则会出现乱码，如图 8-2 所示。

图 8-2　乱码内容

## 8.1.2　文件的打开与写入

操作文件的流程可以归纳为：打开、读或写、保存关闭等 3 步。Python 中提供 open、close、read、write 等相关函数可以实现相关的操作。

### 1. open 函数

在 Python 中使用内置的 open 函数打开文件，其语法格式如下。

```
f=open(file, mode='r', buffering=None, encoding=None, errors=None, newline=None,
closefd=True)
```

比较重要的参数是 file、mode 和 encoding，接下来介绍这 3 个参数的含义。

(1) file：文件路径，字符串类型。

(2) mode：文件的打开模式，默认值 r 是 read(读)的缩写，字符串类型。

(3) encoding：以什么样的编码读取或写入文件，默认为 None。

【例 8-2】以读的方式打开名为 a.txt 的文件。

现有文件名为 a.txt，使用 open 函数的读模式打开，并输出返回值。

```
#方式 1
#encoding 默认为 cp936
f = open('a.txt')
print('以默认模式打开 a.txt', f)
#方式 2
#f 为 file 的缩写，表示文件句柄
f = open('a.txt', 'r')
print('以 r 模式打开 a.txt', f)
```

运行结果如下：

```
以默认模式打开a.txt <_io.TextIOWrapper name='a.txt' mode='r' encoding='cp936'>
以r模式打开a.txt <_io.TextIOWrapper name='a.txt' mode='r' encoding='cp936'>
```

【例 8-3】打开一个不存在的文件，文件名为 b.txt。

```
f = open('b.txt', 'r')
```

运行结果如下：

```
Traceback (most recent call last):
    f = open('b.txt')
FileNotFoundError: [Errno 2] No such file or directory: 'b.txt'
```

FileNotFoundError 意为"文件未找到"，因为无法打开一个名为 b.txt 的文件或文件夹导致代码抛出异常。

**注意 >>>** 打开的文件必须实际存在，否则会报错。

【例 8-4】打开一个名为 b.txt 的文件并准备写入。

使用 open 函数打开名为 b.txt 的文件，设置其打开模式为 w 并输出返回值。

```
f = open('b.txt', 'w')
print('打开b.txt 文件并准备写入', f)
```

运行结果如下：

```
打开b.txt 文件并准备写入 <_io.TextIOWrapper name='b.txt' mode='w' encoding='cp936'>
```

**注意 >>>** w 模式的特点为，若需要写入的文件不存在，则会自动创建该文件并准备写入；若该文件存在，则直接打开并准备写入。

### 2. close 方法

当文件打开后，不管是要读还是写，最后都必须使用 close 方法进行关闭，否则可能会导致文件写入失败。

【例 8-5】打开名为 c.txt 的文件并关闭。

```
f = open('c.txt', 'w')
f.close()
```

### 3. write 方法

文件成功打开后可以使用 write 方法进行数据的写入，其语法格式如下。

```
f.write(s: AnyStr)
```

**注意 >>>** 代码中的 f 为打开文件后返回的文件句柄；write 方法只有一个参数，用于指定需要写入的字符串。

【例 8-6】打开文件 b.txt 并准备写入，写入内容为"Hello World"并打开查看 b.txt 中的内容。

```
f = open('b.txt', 'w')
f.write('Hello World')
f.close()
```

上述代码的运行结果如图 8-3 所示。

图 8-3　b.txt 中的内容 1

【例 8-7】打开文件 c.txt 并准备写入，先写入"Hello World"，再写入"Nice to meet you"，最后打开并查看 b.txt 中的内容。

```
f = open('b.txt', 'w')
f.write('Hello World')              #第一次写入
f.write('Nice to meet you')         #第二次写入
f.close()
```

上述代码的运行结果如图 8-4 所示。

Hello WorldNice to meet you

图 8-4　b.txt 中的内容 2

【例 8-8】打开 b.txt 文件并写入两句话。

```
f = open('b.txt', 'w')
f.write('Hello World\n')
f.write('Nice to meet you\n')
f.close()
```

上述代码的运行结果如图 8-5 所示。

Hello World
Nice to meet you

图 8-5　b.txt 中的内容 3

代码中使用了"**\n**"，通常把这种以反斜杠开头后面加字母的写法称为**转义字符**。转义字符的作用主要有两个。

(1) 将普通字符转换为特殊用途，一般用于编程语言，如那些不能直接显示的字符。

(2) 用来将特殊意义的字符转换回它原来的意义，一般用于正则表达式中。

**4. writelines 方法**

Python 中可以使用 writelines 方法批量写入多行数据。

【例 8-9】向 c.txt 中批量写入多行数据。

```
f = open('c.txt', 'w')
lines = [
    'hello\n',
```

```
    'world\n',
    '你好\n',
    '世界\n'
]
f.writelines(lines)          #使用 writelines 批量写入 line 中的数据到文件中
f.close()
```

上述代码的运行结果如图 8-6 所示。

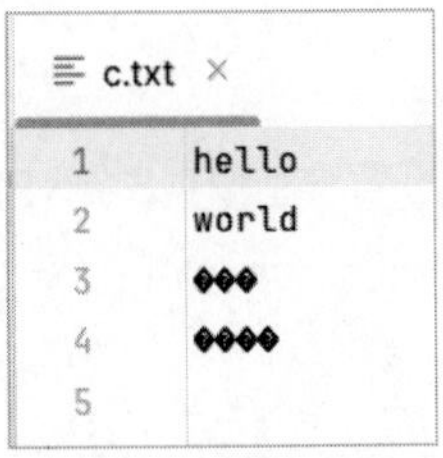

图 8-6　汉字乱码

注意 >>> 文件中的汉字全部变为乱码，因为 open 函数默认使用 CP936 编码格式，该编码并不支持汉字。

【例 8-10】以 UTF-8 编码格式打开 c.txt 文件并批量写入数据。

```
f = open('c.txt', 'w', encoding='utf-8')          #以 UTF-8 编码格式打开文件并准备写入
lines = [
    'hello\n',
    'world\n',
    '你好\n',
    '世界\n'
]
f.writelines(lines)
f.close()
```

上述代码的运行结果如图 8-7 所示。

图 8-7　编码正常后的文件

【例 8-11】将列表 lines 中的元素以"\n"进行拼接并写入 c.txt 文件中。

```
f = open('c.txt', 'w', encoding='utf-8')
lines = [
    'hello',
    'world',
    '你好',
    '世界'
```

```
]
lines = '\n'.join(lines)                    #使用字符串的 join 方法拼接列表中的元素
f.writelines(lines)
f.close()
```

上述代码改进之处在于使用字符串的 join 方法，用于将列表中的元素通过指定字符串进行拼接，省去了手动添加转义字符的过程。

## 8.1.3　文件的读取

当需要将数据存储至文件时，需要设置模式为 w，然后调用 write 或 writelines 方法写入。相比写入，读取文件内容显得更为重要。

### 1. read 方法

read 意为"读"，表示读取文件内容，下面结合示例来介绍具体用法。

【例 8-12】读取 c.txt 文件中的所有内容。

```
f = open('c.txt', 'r', encoding='utf-8')    #以 UTF-8 编码格式打开文件并准备读取
data = f.read()                             #一次性读取文件中的所有数据
f.close()
print(data)
```

运行结果如下：

```
hello
world
你好
世界
```

注意 >>> read 方法的特点是一次性读取文件中的所有数据，适合读取小体积的文件，当读取大体积文件时会占用大量的内存空间，对计算机的性能有较大的影响。

【例 8-13】读取 c.txt 文件中的前 8 个字符。

```
f = open('c.txt', 'r', encoding='utf-8')
data = f.read(8)
f.close()
print(data)
```

运行结果如下：

```
hello
wo
```

注意 >>> 这里的 8 指的是 8 个字符。其中 hellowo 占 7 个字符，还有一个 \n 虽无法显示但也占 1 个字符，合计 8 个字符。

【例 8-14】读取 c.txt 文件中的前 4 个汉字。

```
f = open('c.txt', 'r', encoding='utf-8')
data = f.read(4)
f.close()
```

```
print(data)
```

运行结果如下：

你好
世

> **注意 》》**　代码读取 3 个汉字，还有一个没显示的\n，累计 4 个字符。

### 2. readline

可以使用 readline 方法对文件按行读取，每次读取一行。

【例 8-15】按行读取 c.txt 文件中的内容。

```
f = open('c.txt', 'r', encoding='utf-8')
data1 = f.readline()                #读取第一行
data2 = f.readline()                #读取第二行
f.close()
print('读取第一行', data1)
print('读取第二行', data2)
```

运行结果如下：

读取第一行 你好

读取第二行 世界

> **注意 》》** readline 每调用一次就会自动向后读取一行。

### 3. readlines

readlines 翻译为"按行读取所有文件"。

【例 8-16】读取 c.txt 文件中的所有行数据。

```
f = open('c.txt', 'r', encoding='utf-8')
lines = f.readlines()
print('读取所有行', lines)
```

运行结果如下：

读取所有行 ['你好\n', '世界']

> **注意 》》** readlines 返回的是一个字符串列表，每个元素都是文件中的一行内容。

### 4. 读取大型文件

Python 在读取大型文件时核心原理就是将文件分块读取，其读取过程就像在线观看电影，电影加载一部分就可以看一部分，并不会一次性加载整部电影。因为一部电影动辄好几个吉字节，一次性加载完会很慢，解决办法就是将整部电影拆成几百个片段，每次只加载连续的若干个片段。

【例 8-17】按块读取一个大型文件 c.txt。

```
def read_in_chunks(filePath, chunk_size=1024*1024):
    file_object = open(filePath, encoding='utf-8')
    while True:
```

```
            #每次读取指定大小的数据
            chunk_data = file_object.read(chunk_size)
            #如果读取的数据为空则跳出
            if not chunk_data:
                break
            yield chunk_data
    def main(filePath):
        for chunk in read_in_chunks(filePath):
            print(chunk)
    main('c.txt')
```

运行结果如下:

你好
世界

上述代码读取文件采用的方式是将文件拆分成若干块，每一块的大小为 1024×1024 个字节。当处理完每个小文件后会释放该部分的内存，读取过程中使用 yield 关键字进行代码优化，用多少就读多少，有点像"懒加载"。

**5. with 语句**

为防止开发者在操作文件时忘记关闭文件句柄，可以使用 with…as 语句进行优化，其语法格式如下。

```
with 打开文件 [as 文件句柄]:
    语句1
语句2
```

语句 1 表示打开文件后要执行的操作，语句 2 表示文件关闭后要执行的操作。

【例 8-18】使用 with 语句读取 c.txt 文件中的内容。

```
with open('c.txt', encoding='utf-8') as f:
    for line in f:
        print(line)
```

**注意》》》** with 语句会在文件操作完毕后自动关闭文件句柄。

## 8.1.4 文件的读写模式对比

本节操作文件使用的读写模式主要包括 r 和 w，分别是 read(读)的缩写和 write(写)的缩写，还有其他一些模式会在本节进行展开介绍。

**1. 读写模式特点的对比**

常见的 12 种读写模式如表 8-1 所示。

表 8-1 常见的 12 种读写模式

| 打开模式 | 描述 |
| --- | --- |
| r | 以只读(readonly)方式打开文件，文件指针默认在文件开头，默认模式 |
| w | 打开一个文件只用于写入。如果文件存在则覆盖，如果不存在则新建 |

（续表）

| 打开模式 | 描述 |
|---|---|
| a | 打开一个文件用于追加。如果文件已存在则文件指针会放在文件末尾。新的内容会自动追加到文件末尾，若文件不存在则会新建再写入 |
| r+ | 打开一个文件用于读写 |
| w+ | 打开一个文件用于读写，特性同 w |
| a+ | 打开一个文件用于读写，特性同 a |
| rb | 以只读方式并以二进制格式打开 |
| wb | 以二进制格式打开一个文件只用于写入，特性同 w |
| ab | 以二进制格式打开一个文件用于追加，特性同 a |
| rb+ | 以二进制格式打开一个文件用于读写 |
| wb+ | 以二进制格式打开一个文件用于读写，特性同 w |
| ab+ | 以二进制格式打开一个文件用于追加，特性同 a |

**注意 >>>**　"+"表示可以同时读写某个文件；r+表示读写，即可读可写，理解为先读后写，不擦除原文件内容，指针放在 0 处；w+表示写读，即可读可写，理解为先写后读，擦除原文件内容，指针放在 0 处；a+表示写读，不擦除原文件内容，指针指向文件的结尾，要读取原文件需先重置文件指针。

## 2. 文件写性能的对比

通过一个示例演示文件批量写入数据时性能的区别。

**【例 8-19】** 向 test.log 文件中写入 10 000 条数据。

```python
import time                              #导入 time 模块
log_file = 'test.log'
start_time = time.time()                 #记录起始时间
for i in range(10000):
    with open(log_file, 'w') as fw:
        fw.write('1234abcd\n')
endtime = time.time()                    #记录结束时间

start_time1 = time.time()
with open(log_file, 'w') as fw:
    for i in range(10000):
        fw.write('1234abcd')
endtime1 = time.time()

print('写 10000 个文件', endtime - start_time)
print('同一个文件写 10000 次', endtime1 - start_time1)
```

运行结果如下：

```
写 10000 个文件 2.570830821990967
同一个文件写 10000 次 0.0019905567169189453
```

**注意 》》》** 一个文件写入 1 万次数据几乎不消耗时间，创建 1 万个文件并写入数据需要 2 秒。以后再对文件进行批量写入时最好打开以后再使用循环方式写入。

以二进制格式对文件进行操作对性能又有多大的影响呢？下面通过一个示例进行介绍。

**【例 8-20】**准备一个 100 万行的文件，分别以 r 模式和 rb 模式进行读取。

```python
import time
log_file = 'test.log'
#打开文件后使用循环方式批量写入
with open(log_file, 'w') as f:
    for i in range(1000000):
        f.write(f"{i}\n")

start_time = time.time()
with open(log_file, 'r') as f:
    data = f.read()
endtime = time.time()

start_time1 = time.time()
with open(log_file, 'rb') as f:
    data = f.read()
endtime1 = time.time()

print('以 r 模式读文件', endtime - start_time)
print('以 rb 模式读写文件', endtime1 - start_time1)
```

运行结果如下：

以 r 模式读文件 0.04085564613342285
以 rb 模式读写文件 0.0029921531677246094

由上述运行结果可知，以 rb 模式读取文件的效率约是 r 模式的 12 倍。

**注意 》》》** 在使用 rb 模式进行读取时，不允许设置 encoding 来指定编码格式。

## 8.1.5 文件的相对路径和绝对路径

使用 Python 操作文件或文件夹时，需要明确该文件所在的位置。我们把文件所在的位置称为**路径**。Python 中的路径分为相对路径和绝对路径两种。

### 1. 相对路径

**相对路径**就是以当前文件所在的文件夹为参考对象来描述目标文件路径的形式，其特点如下。

(1) 以文件名表示，如 a.txt。

(2) 以.开头，如./a.txt。

(3) 以..开头，如../a.txt。

其中，"./"表示文件或文件夹所在的当前目录，"../"表示当前所在目录的上一级目录。如果需要定位上 n 级的路径，则需要写 n 个"."，并在最后一个"."的后面加上"/"来表示。

## 2. 绝对路径

**绝对路径**就是文件的完整路径，以 Windows 操作系统中的 Logo.bmp 文件为例，如图 8-8 所示。从硬盘的盘符(C 盘、D 盘等)开始，然后按照文件夹层级关系一级一级地指向文件，则其对应的绝对路径为 C:/Windows/Web/Logo.bmp。如果是 Linux 操作系统，因为没有盘符这一概念，只有一个根目录，用/表示，所以绝对路径全部以/开头。

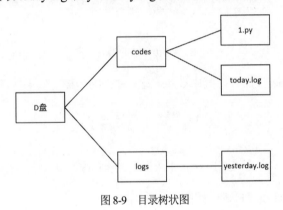

图 8-8　Windows 文件夹结构

**注意 ❯❯❯** 因为转义字符的存在，路径中的斜杠可以使用/或\\两种方式表示。

【**例 8-21**】现有一个目录结构如图 8-9 所示，当前脚本位于 D 盘下的 codes 文件夹中，分别以绝对/相对路径的方式读取 today.log 和 yesterday.log 两个文件中的内容。

图 8-9　目录树状图

```
absolute_today = 'd:\\codes\\today.log'
with open(absolute_today) as f:
    data = f.read()
    print('绝对路径读取 today.log', data)
relative_today = '.\\today.log'
with open(relative_today) as f:
    data = f.read()
    print('相对路径读取 today.log', data)


absolute_yesterday = 'd:\\logs\\yesterday.log'
with open(absolute_yesterday) as f:
    data = f.read()
    print('绝对路径读取 yesterday.log', data)
relative_today = '..\\logs\\yesterday.log'
with open(relative_today) as f:
    data = f.read()
    print('相对路径读取 yesterday.log', data)
```

## 8.2　文件和文件夹操作

　　文件与文件夹的操作，包含文件或文件夹的创建、删除、重命名、路径的操作、文件夹的遍历等。

### 8.2.1　使用 os 操作文件与文件夹

　　os 是 Operation System(操作系统)的缩写，是 Python 的内置模块。凡是跟操作系统相关的功能都可以使用 os 模块来实现，如获取内存/硬盘大小、CPU 个数等。其中，操作文件与文件夹也是其功能之一。

#### 1. os.mkdir

使用终端的 mkdir 命令创建单级目录。

(1) 打开 cmd 终端，如图 8-10 所示。

图 8-10　打开终端

(2) 输入"mkdir codes"命令，其中 codes 是文件夹的名称，效果如图 8-11 所示。

图 8-11　输入创建文件夹的命令

(3) 使用 dir 命令查看当前目录，如图 8-12 所示。

```
2023/05/16  00:46    <DIR>        codes
2021/10/18  16:47    <DIR>        Contacts
```

图 8-12　查看目录中的所有文件

在 Python 中使用 os.mkdir(path)来创建单级文件夹。

【例 8-22】使用 mkdir 创建名为 codes 的文件夹。

```
import os
os.mkdir('codes')
```

上述代码的运行结果如图 8-13 所示。

图 8-13　创建好的文件夹

【例 8-23】使用 mkdir 重复创建 codes 文件夹。

```
import os
os.mkdir('codes')
```

运行结果如下：

```
Traceback (most recent call last):
    os.mkdir('codes')
FileExistsError: [WinError 183] 当文件已存在时，无法创建该文件。: 'codes'
```

注意》》》同一个文件夹不能重复创建，否则会抛出 FileExistsError 异常。

【例 8-24】使用 mkdir 重复创建 codes 文件夹(添加判断条件)。

```
import os
dir_path = 'codes'
if not os.path.exists(dir_path):          #如果路径下对应的文件夹不存在
    os.mkdir(dir_path)
else:
    print(dir_path, '已存在')
```

运行结果如下：

```
codes 已存在
```

【例 8-25】使用 mkdir 创建 a/b/c 等多级嵌套文件夹。

```
import os
dir_path = 'a\\b\\c'
os.mkdir(dir_path)
```

运行结果如下：

```
Traceback (most recent call last):
    os.mkdir(dir_path)
FileNotFoundError: [WinError 3] 系统找不到指定的路径。: 'a\\b\\c'
```

注意》》》mkdir 不支持创建多层文件夹。

## 2. os.makedirs

在 Python 中使用 os.makedirs 来创建多级嵌套文件夹。

【例 8-26】使用 makedirs 创建 a/b/c 等多级嵌套文件夹。

```
import os
dir_path = 'a\\b\\c'
os.makedirs(dir_path)
```

上述代码的运行结果如图 8-14 所示。

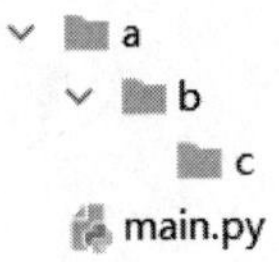

图 8-14　创建多级嵌套文件夹

【例8-27】使用 makedirs 重复创建 a/b/c 等多级嵌套文件夹。

```
import os
dir_path = 'a\\b\\c'
os.makedirs(dir_path)
```

运行结果如下：

```
Traceback (most recent call last):
    os.makedirs(dir_path)
FileExistsError: [WinError 183] 当文件已存在时，无法创建该文件。: 'a\\b\\c'
```

**注意 >>>** os.mkdir 和 os.makedirs 都默认无法重复创建文件夹。

【例8-28】使用 os.makedirs 重复创建多级嵌套文件夹的正确写法。

```
import os
dir_path = 'a\\b\\c'
#设置 exist_ok 为 True，表示目录存在时不报错，默认为 False
os.makedirs(dir_path, exist_ok=True)
```

**提示 >>>** 创建单级或多级文件夹时，使用 makedirs 函数并配合 exist_ok 参数即可。

### 3. os.listdir

在 Python 中使用 os.listdir(path)来获取路径下对应的所有文件。

【例8-29】使用 listdir 遍历当前文件夹下的所有文件。

```
import os
dir_path = '.'
dirs = os.listdir(dir_path)
print('所有文件夹为', dirs)
```

运行结果如下：

```
所有文件夹为 ['.idea', 'a', 'main.py']
```

**注意 >>>** os.listdir 返回值是列表类型，其中存放的是当前目录下的文件或文件夹名称。

### 4. os.chdir

在 Python 中使用 os.chdir(path)函数可以更换当前脚本目录，类似于终端的 cd 命令，示例代码如下。

【例8-30】使用 chdir 函数进入 a 中的 b 文件夹。

```
import os
os.chdir('a\\b')
with open('b.log', 'w') as f:
    f.write('')
```

上述代码的运行结果如图 8-15 所示。

图 8-15　切换文件夹

由上述代码可知，目录切换至 b 文件夹中并新建 b.log 文件。

### 5. os.getcwd

在 Python 中使用 os.getcwd()函数可以获取当前脚本所在的目录路径，括号内不需要传参数。

【例 8-31】使用 getcwd 函数获取当前文件的绝对路径。

```
import os
current_path = os.getcwd()
print('当前文件的绝对路径为', current_path)
```

### 6. os.rename

在 Python 中使用 os.rename(path1,path2)函数对文件或文件夹重命名，其中 path1 为需要修改的路径，path2 为修改后的路径。

【例 8-32】使用 rename 函数将 a 文件夹重命名为 aa。

```
import os
old_path = 'a'
new_path = 'aa'
os.rename(old_path, new_path)
```

上述代码的运行结果如图 8-16 所示。

图 8-16　重命名之后的文件夹

### 7. os.rmdir

在 Python 中使用 os.rmdir(path)删除单级目录，其中 path 为目录的路径。

【例 8-33】使用 rmdir 函数删除 a 文件夹。

```
import os
dir_path = 'a'
os.rmdir(dir_path)
```

运行结果如下：

```
Traceback (most recent call last):
    os.rmdir(dir_path)
OSError: [WinError 145] 目录不是空的。: 'a'
```

**注意 >>>** 删除的目录必须为空，否则无法删除。

### 8. os.removedirs

在 Python 中使用 os.removedirs(path)删除多级空目录，其中 path 为删除的目录路径。

**【例 8-34】** 使用 removedirs 函数删除 a/b/c 嵌套文件夹。

```
import os
dir_path = 'a/b/c'
os.removedirs(dir_path)
```

上述代码的运行结果如图 8-17 所示。

图 8-17 删除多级文件夹

**注意 >>>** removedirs 的工作方式和 rmdir 一样，它删除多个文件夹的方式是通过在目录上由深及浅逐层调用 rmdir 函数来实现的，在确定最深的目录为空目录时(因为 rmdir 只能移除空目录)，调用 rmdir 函数移除该目录，工作对象切换至上一层目录，如果上次的移除动作完毕后当前目录也变成空目录，那么移除当前目录。重复此动作，直到遇到一个非空目录为止。

### 9. os.path.exists

在 Python 中使用 os.path.exists(path)来判断指定路径下对应的文件或文件夹是否存在。如果存在就返回 True，否则返回 False。

**【例 8-35】** 如果 b 文件夹中存在 b.log 文件则重命名为 c.log。

```
import os
file_path = 'a\\b\\b.log'
if os.path.exists(file_path):
    os.rename(file_path, 'c.log')
else:
    print('文件不存在，重命名失败')
```

上述代码的运行结果如图 8-18 所示。

图 8-18 文件重命名

### 10. os.path.join

在 Python 中使用 os.path.join(path-1,path-2,…,path-n)函数将若干 path 进行组合并生成一个新路径，代码如例 8-36 所示。

【例 8-36】拼接 a、b、c 这 3 个文件夹为完整路径。

```
import os
path1 = 'a'
path2 = 'b'
path3 = 'c'
path = os.path.join(path1, path2, path3)
print('拼接后的路径为', path)
```

运行结果如下：

拼接后的路径为 a\b\c

【例 8-37】使用 os 模块拼接绝对路径和相对路径。

```
import os
#绝对路径拼接
absolute_path_1 = os.path.join("C:/", "Users", "binjie", "Desktop")
absolute_path_2 = os.path.join("D:/", "Projects", "app", "resources")
print("绝对路径的拼接结果1:", absolute_path_1)
print("绝对路径的拼接结果2:", absolute_path_2)
#相对路径拼接
current_dir = os.getcwd()   #获取当前程序的工作目录
relative_path = os.path.join("data", "files", "images")
absolute_path = os.path.join(current_dir, relative_path)
print("多层相对路径拼接结果:", absolute_path)
```

运行结果如下：

绝对路径的拼接结果 1：C:/Users\binjie\Desktop
绝对路径的拼接结果 2：D:/Projects\app\resources
多层相对路径的拼接结果：
C:\Users\weo\AppData\Local\Programs\Python\Python38\data\files\images

由上述示例可知，将各路径部分作为参数传递给 os.path.join()函数，生成两个绝对路径的拼接结果；将"data""files"和"images"3 个相对路径拼接在一起，最后再与当前工作目录进行拼接，得到包含多层相对路径的绝对路径。

### 11. os.path.getsize

在 Python 中使用 os.path.getsize(path)来获取文件或文件夹的大小，其中 path 为文件或文件夹的路径。

【例 8-38】读取文件 c.log 的文件大小。

```
import os
file_name = 'c.log'
size = os.path.getsize(file_name)
print('文件大小为', size, '字节')
```

运行结果如下：

文件大小为 9861 字节

### 12. os.path.isfile/isdir

在 Python 中使用 os.path.isfile(path)来判断路径是否为一个文件，使用 os.path.isdir(path)来判断路径是否为一个文件夹。

【例 8-39】判断目标路径是文件还是文件夹。

```python
import os
file_name = 'c.log'
if os.path.isfile(file_name):          #如果是文件类型
    print('是文件')
elif os.path.isdir(file_name):         #如果是文件夹类型
    print('是文件夹')
else:
    print('是其他文件')
```

运行结果如下：

是文件

## 8.2.2　使用 shutil 操作文件与文件夹

shutil 模块作为 os 模块的补充，提供了复制、移动、删除文件/文件夹的操作，还包括压缩、解压缩等功能。

### 1. 复制文件/文件夹

shutil 模块中主要使用 copy 复制文件，使用 copytree 复制文件夹。

【例 8-40】使用 copy 复制/重命名 data.txt 文件，目录初始状态如图 8-19 所示。

```python
import shutil                                  #导入 shutil 模块
print('测试1：将 code_a 的"data.txt"复制到 code_b 中')
src = r"code_a\data.txt"
dst = r"code_b"
shutil.copy(src,dst)                           #如图 8-20 所示
print('测试2：将 code_a 的"data.txt"移动到 code_b，并重新命名为"new_data.txt"')
src = r"code_a\data.txt"
dst = r"code_b\new_data.txt"
shutil.copy(src,dst)                           #如图 8-21 所示
print('测试3：将 code_a 的"data.txt"移动到"不存在"的 code_c 文件夹')
src = r"code_a\data.txt"
dst = r"code_c"
shutil.copy(src,dst)
```

上述代码的运行结果如图 8-22 所示。

图 8-19　目录初始状态 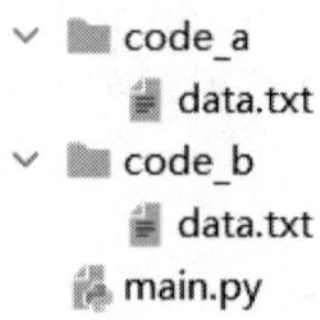　　　　　　　　　　　图 8-20　复制后的目录状态

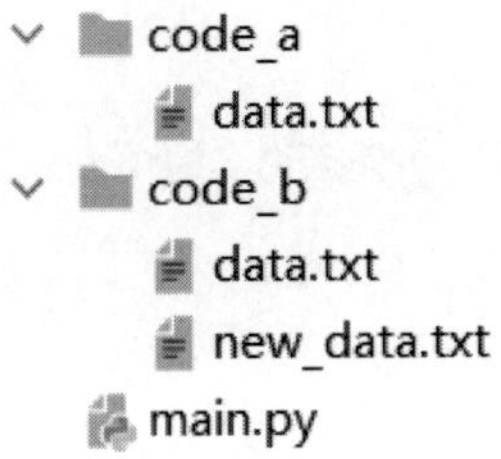

图 8-21　移动后的目录状态

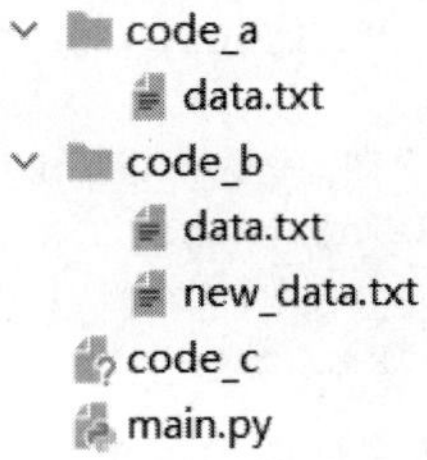

图 8-22　移动到不存在的文件夹

**注意 ≫》** 对于测试 3，系统会默认将 "code_c" 识别为文件名，而不是按照我们认为的文件夹。

【例 8-41】将 code_a 文件夹移动到 code_ 文件夹中。

```python
import shutil
print('将code_a文件夹移动到code_b文件夹中(b文件夹不为空)')
src = "code_a"
dst = "code_b"
shutil.copytree(src,dst)
```

运行结果如下：

```
Traceback (most recent call last):
    shutil.copytree(src,dst)
FileExistsError: [WinError 183] 当文件已存在时，无法创建该文件。: 'code_b'
```

【例 8-42】将 code_a 文件夹复制为 code_c 文件夹。

```python
import shutil
print('code_c文件夹不存在但会自动创建该文件夹')
src = "code_a"
dst = "code_c"
shutil.copytree(src,dst)
```

上述代码的运行结果如图 8-23 所示。

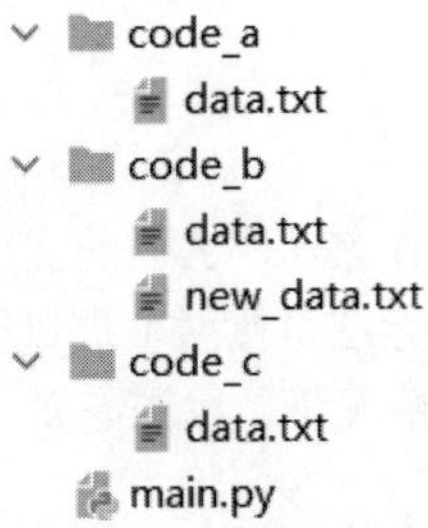

图 8-23　复制整个文件夹

## 2. 移动文件/文件夹

使用 shutil.move() 函数以递归的形式对文件进行移动或重命名。

【例 8-43】将表格 a.xlsx 移动到 code_a 文件夹中，目录初始状态如图 8-24 所示。

```python
import shutil
print('将项目根目录下的"a.xlsx"文件，移动到code_a文件夹中')
dst = r"code_a"
```

```
shutil.move("a.xlsx",dst)   #如图8-25所示

print('将a文件夹中的"a.xlsx"文件，移动到b文件夹中，并重新命名为"aa.xlsx"')
src = r"code_a\a.xlsx"
dst = r"code_b\aa.xlsx"
shutil.move(src,dst)
```

上述代码的运行结果如图 8-26 所示。

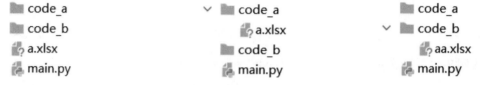

图 8-24　目录初始状态　　　　　图 8-25　移动后的目录状态　　　　　图 8-26　重命名后的目录状态

### 3. 删除文件夹

使用 shutil.rmtree(path)删除文件夹，此处的文件夹可以不为空。

【例 8-44】彻底删除 code_b 文件夹，目录初始状态如图 8-27 所示。

```
import shutil
src = r"code_b"
shutil.rmtree(src)
```

上述代码的运行结果如图 8-28 所示。

图 8-27　目录初始状态　　　　　　　　　图 8-28　删除文件夹后的目录状态

# 8.3　结构化的文本文件

之前我们已经了解了文本文件的操作方法。它们的优点是存储和读取都相当简便。然而，这种方式的缺点是，一旦文件被打开，我们无法直接对数据进行直观的操作。例如，如图 8-29 所示，很难快速地删除所有姓名数据。在这种情况下，我们需要一种更方便、更高效的方式来处理和操作这些数据。

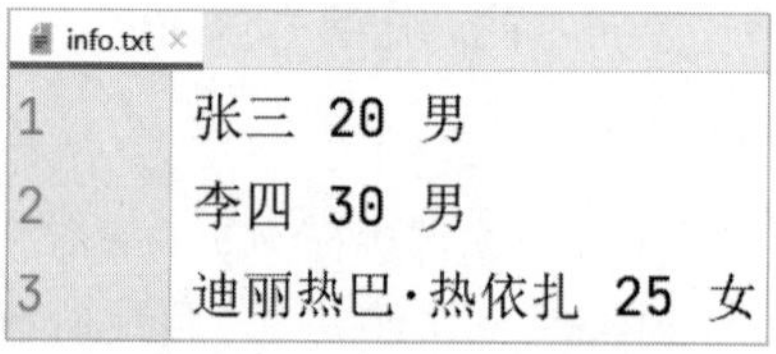

图 8-29　.txt 文件中的内容

结构化文本文件也就是行式文本文件，如.csv 就是常见的结构化文本文件格式。结构化文本文

件通常每行都对应一条记录，各行有相同的列，如图 8-30 所示。

| | A | B | C |
|---|---|---|---|
| 1 | 张三 | 20 | 男 |
| 2 | 李四 | 30 | 男 |
| 3 | 迪丽热巴·热依扎 | 25 | 女 |

图 8-30　.csv 文件中的内容

可以利用表格文件的特性快速对数据进行操作，甚至是编写表格函数统计各行各列数据用于数据分析。下面将介绍常用的结构化文件的基本操作。

## 8.3.1　CSV 文件操作

CSV(Comma Separated Values)，即数据与数据之间用逗号分隔的一种文本格式，用于存储表格数据，类似于.xlsx 文件。

### 1. 生成.csv 文件

使用 with 语句快速创建.csv 文件并插入若干行数据，代码如例 8-45 所示。

**【例 8-45】** 创建 info.csv 表格文件并插入若干数据。

```
headers = ['姓名', '年龄', '性别', '\n']
line1 = ['张三', '20', '男', '\n']
line2 = ['李四', '25', '男', '\n']
#以 GB18030 编码打开.csv 文件并准备写入
with open('info.csv', 'w', encoding='gb18030') as f:
    f.write(','.join(headers))                          #写入表头
    f.write(','.join(line1))                            #写入第一行数据
    f.write(','.join(line2))                            #写入第二行数据
```

上述代码的运行结果如图 8-31 所示。

| | A | B | C |
|---|---|---|---|
| 1 | 姓名 | 年龄 | 性别 |
| 2 | 张三 | 20 | 男 |
| 3 | 李四 | 25 | 男 |

图 8-31　运行成功后的.csv 文件中的内容

**注意》》** .csv 文件的每行数据都应以英文逗号隔开，且每行最后要手动加\n 换行，否则所有数据会写到一行中。

上述代码在写入数据时指定格式为 GB18030，这是因为 Windows 中软件默认使用的都是 GB 开头的汉字编码格式，如果设置为 UTF-8，则使用表格软件打开时就会出现乱码，如图 8-32 所示，使用 PyCharm 打开该表格文件又显示正常，如图 8-33 所示，这就是编码不一致带来的后果。

| | A | B | C |
|---|---|---|---|
| 1 | 濮撳悕 | 骞撮緞 | 鎬y埆 |
| 2 | 寮犱笁 | 20 | 鐢? |
| 3 | 鏉庡洓 | 25 | 鐢? |

图 8-32　编码不一致的乱码情况

info.csv ×

```
1  姓名,年龄,性别,
2  张三,20,男,
3  李四,25,男,
```

图 8-33　使用 PyCharm 查看.csv 文件中的内容

**【例 8-46】** 向 info.csv 文件中批量写入 2 行数据。

```python
import csv
headers = ['姓名', '年龄', '性别', ]
rows = [
    ('张三', '20', '男',),
    ('李四', '25', '男',),
]
with open('info.csv', 'w', encoding='gb18030', newline='') as f:
    #根据文件句柄构造 writer 对象
    writer = csv.writer(f)
    #使用 writerow 写入表头
    writer.writerow(headers)
    #使用 writerows 批量写入多行数据
    writer.writerows(rows)
```

上述代码的运行结果如图 8-31 所示。

### 2. 读取.csv 文件

在 Python 中使用 csv 模块来读取.csv 文件，也可以使用其他方式，本节不过多阐述。

**【例 8-47】** 使用 csv 模块读取名为 info.csv 表格文件。

```python
import csv
with open('info.csv', 'r', encoding='gb18030') as f:
    reader = csv.reader(f)    #创建 CSV 读取器,返回每行是一个列表的迭代器对象
    headers = next(reader)    #获取文件的第一项表头
    print('表头:', headers)
    for row in reader:        #逐行读取并输出数据
        print('行数据:', row)
```

运行结果如下：

```
表头: ['姓名', '年龄', '性别']
行数据: ['张三', '20', '男']
行数据: ['李四', '25', '男']
```

代码中首先使用 open()函数打开.csv 文件，并以只读模式进行操作。然后使用 csv.reader()函数创建一个 CSV 读取器对象 csv_reader。

在 for 循环中，通过迭代 csv_reader 对象，可以逐行读取.csv 文件中的数据。每一行数据都以列表形式表示，其中每个元素都对应.csv 文件中的一个字段。

最后，代码通过 print()函数将每一行数据输出。

## 8.3.2　XML 文件操作

XML(Extensible Markup Language，可扩展标记语言)是早期互联网中传输数据的重要格式。随着互联网的不断发展，该格式已逐渐被时代所抛弃，取而代之的是名为 JSON 的数据格式，其在后面的小节中会介绍。下面先来介绍 XML 文件的结构。

## 1. XML 文件的结构

XML 有点像 HTML，其内容都是由标签对组成的。天气预报数据中的 XML 文件内容如图 8-34 所示。

```
<?xml version="1.0" encoding="utf-8"?>

<resp>
 <city>常州</city>
 <updatetime>09:17</updatetime>
 <wendu>24</wendu>
 <fengli> <![CDATA[3级]]> </fengli>
 <shidu>81%</shidu>
 <fengxiang>东北风</fengxiang>
 <sunrise_1>04:54</sunrise_1>
 <sunset_1>19:08</sunset_1>
 <sunrise_2/>
 <sunset_2/>
 <yesterday>
  <date_1>18日星期二</date_1>
  <high_1>高温 25℃</high_1>
  <low_1>低温 21℃</low_1>
  <day_1>
   <type_1>小雨</type_1>
   <fx_1>南风</fx_1>
   <fl_1> <![CDATA[<3级]]> </fl_1>
  </day_1>
  <night_1>
   <type_1>阴</type_1>
   <fx_1>东北风</fx_1>
   <fl_1> <![CDATA[<3级]]> </fl_1>
```

图 8-34　XML 文件内容

XML 文件存在以下问题。

(1) 为表示"阴"这个数据，整体使用<type_1>和</type_1>标签来包裹数据，结果比数据本身的体积还要大。所以 XML 格式的特点就是数据体积较大，影响传输速度。

(2) XML 格式有点像网页，没有一定网页基础的人无法清晰地认识各数据之间的层级关系，不利于数据的分析与提取。

## 2. 读取 XML 文件

读取 XML 文件时需要借助 xml 模块。

【例 8-48】读取名为 weather.xml 的天气文件的所有节点信息。

```
import xml.etree.ElementTree as ET        #导入 xml 模块
tree = ET.ElementTree(file='weather.xml') #解析 XML 文件为树
root = tree.getroot()                     #得到树的根节点
for child_of_root in root:                #获取根节点下的子节点
    print(child_of_root.text)             #获取子节点的文本数据
```

运行结果如下：

```
常州
09:17
24
3级
81%
```

东北风
04:54
19:08
None
None

### 3. 写入 XML 文件

借助 xml 模块中的 minidom 对 XML 文件进行写入操作。

```python
import xml.dom.minidom
#1.在内存中创建一个空的文档
doc = xml.dom.minidom.Document()
#2.创建根元素
root = doc.createElement('collection')
#3.将根节点添加到文档对象中
doc.appendChild(root)
#4.创建子元素
book = doc.createElement('book')
#5.设置子元素的属性
book.setAttribute('语言', 'python')
#6.子元素中嵌套子元素，并添加文本节点
name = doc.createElement('name')
name.appendChild(doc.createTextNode('python 基础'))
price = doc.createElement('价格')
price.appendChild(doc.createTextNode('99 元'))
#7.将子元素添加到 boot 节点中
book.appendChild(name)
book.appendChild(price)
#8.将 book 节点添加到 root 根元素中
root.appendChild(book)

fp = open('book.xml', 'w', encoding='utf-8')
#需要指定 UTF-8 的文件编码格式，否则 notepad 中显示十六进制
doc.writexml(fp, indent='', addindent='\t', newl='\n', encoding='utf-8')
fp.close()
```

运行结果如下：

```xml
<?xml version="1.0" encoding="utf-8"?>
<collection>
 <book 语言="python">
  <name>python 基础</name>
  <价格>99 元</价格>
 </book>
</collection>
```

## 8.3.3  JSON 数据序列化操作

JSON 数据是前后端数据交互使用频率最高的一种数据模式，它相当于编程界的人造卫星，因为 JSON 数据既像前端网页中的对象类型，又像 Python 中的字典类型，所以通过 JSON 可以让前端

和后端产生良好的沟通。

JSON 的全称是 JavaScript Object Notation，即 JS 对象标记，其数据格式如下。

```
{
"id": 1,
"title": "文件与文件夹操作",
"pub_date": "2023-05-16",
"category": "第 4 章",
"publisher": {
    "name": "江南造船厂"
},
"post_authors": [{
    "name": "张三"
}]
}
```

## 1. 生成 JSON 数据

Python 内置 json 模块来实现将字典类型转换为 JSON 字符串，主要使用 json.dump 或 json.dumps 来实现。

【例 8-49】将 info 字典转换为 JSON 格式的数据。

```
import json                                    #导入 json 模块

info = {
    'name': '张三',
    'sex': '男',
    'hobbies': ['篮球', '羽毛球', '乒乓球']
}

print('字典内容是', info)
json_str = json.dumps(info)                    #使用 dumps 将字典转为 JSON 字符串
print('JSON 字符串是', json_str)
```

运行结果如下：

```
字典内容是 {'name': '张三', 'sex': '男', 'hobbies': ['篮球', '羽毛球', '乒乓球']}
JSON 字符串是 {"name": "\u5f20\u4e09", "sex": "\u7537", "hobbies": ["\u7bee\u7403",
"\u7fbd\u6bdb\u7403", "\u4e52\u4e53\u7403"]}
```

【例 8-50】将字典转换为 JSON 数据并设置中文不乱码。

```
import json

info = {
    'name': '张三',
    'sex': '男',
    'hobbies': ['篮球', '羽毛球', '乒乓球']
}

print('字典内容是', info)
#ensure_ascii 为 False 表示中文不乱码
json_str = json.dumps(info, ensure_ascii=False)
```

```
print('JSON 字符串是', json_str)
```

运行结果如下:

```
字典内容是 {'name': '张三', 'sex': '男', 'hobbies': ['篮球', '羽毛球', '乒乓球']}
JSON 字符串是 {"name": "张三", "sex": "男", "hobbies": ["篮球", "羽毛球", "乒乓球"]}
```

### 2. 解析 JSON 数据

json 模块中主要使用 json.load 或 json.loads 方法将 JSON 数据转换为字典类型。

【例 8-51】将 JSON 数据转换为字典类型。

```
import json

json_str = '{"name": "张三", "sex": "男", "hobbies": ["篮球", "羽毛球", "乒乓球"]}'
print('JSON 字符串是', json_str)
#使用 loads 方法将字符串转换为字典类型
info = json.loads(json_str)
print('字典内容是', info)
```

运行结果如下:

```
JSON 字符串是 {"name": "张三", "sex": "男", "hobbies": ["篮球", "羽毛球", "乒乓球"]}
字典内容是 {'name': '张三', 'sex': '男', 'hobbies': ['篮球', '羽毛球', '乒乓球']}
```

### 3. JSON 的特点

通过观察 JSON 数据和字典之间的互相转换,发现 JSON 数据有以下特点。

(1) 组成结构与字典类似,由键值对组成。

(2) 键用双引号包裹,一般是字符串。

(3) 值可以是字符串、数字、数组等类型。

(4) { }用于表示对象。

(5) [ ]用于表示数组。

## 8.3.4 pickle 数据序列化操作

pickle 是 Python 语言的一个标准模块,该模块的序列化操作能够将程序中运行的对象信息持久化保存至文件中,该模块的反序列化操作能够从文件中还原保存的对象。

### 1. 序列化和反序列化

在介绍相应的脚本逻辑前,需要先介绍以下两个概念。

(1) 序列化: 将 Python 对象转换为二进制的过程。

(2) 反序列化: 将二进制转换为 Python 对象。

Python 中的大多数类型(列表、字典、元组等)可以使用 pickle 进行序列化操作,转换逻辑如图 8-35 所示。

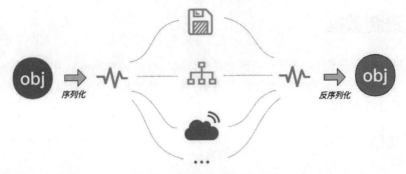

图 8-35　序列化和反序列化的原理

### 2. 使用 pickle 实现序列化

本例以字典为例，使用 pickle 模块中的 dumps 方法将字典中的数据序列化后存储至文件中。

【例 8-52】使用 pickle 将字典 info 的内容序列化并存储至 info.txt 文件中。

```
import pickle                                    #导入 picker 模块
info = {
    'name': '张三',
    'age': 30,
}

data = pickle.dumps(info)                        #使用 dumps 方法进行序列化
print(data)
with open('info.txt', 'wb') as f:
    f.write(data)
print('序列化成功')
```

运行结果如下：

```
b'\x80\x03}q\x00(X\x04\x00\x00\x00nameq\x01X\x06\x00\x00\x00\xe5\xbc\xa0\xe4\x
b8\x89q\x02X\x03\x00\x00\x00ageq\x03K\x1eu.'
序列化成功
```

> **注意 ▶▶▶**　使用 pickle 进行序列化操作时，会将数据以二进制的形式保存到文件中，看到的数据都是乱码。

### 3. 使用 pickle 实现反序列化

使用 pickle 模块中的 loads 方法实现数据的反序列化。

【例 8-53】读取 info.txt 文件中的内容并使用 pickle 将数据反序列化。

```
import pickle

with open('info.txt', 'rb') as f:
    data = f.read()
    info = pickle.loads(data)                    #使用 loads 方法进行反序列化
print('反序列化成功', info)
```

运行结果如下：

```
反序列化成功 {'name': '张三', 'age': 30}
```

# 8.4 二进制数据

二进制数据一般用于图片、音乐、视频文件的读取与存储，在 Python 中由字节类型和字节数组类型来保存。两种类型的区别主要是字节类型的数据是固定的，而字节数组类型的数据是变化的。本节介绍字节类型和字节数组类型。

## 8.4.1 字节类型

字节类型，翻译为 Bytes，简称 B。1 字节等于 8 个比特，也就是 1B=8b。其中在介绍 ASCII 编码时曾提过，1 字节可以保存 256 个字符，若要使用字节表示中文，一般需要 3 字节(UTF-8 编码)。

Python 中汉字转换为字节类型时可以直接使用**字节字符串(bytes string)**，简称 **b 字符串**。

【例 8-54】将汉字"张"转为字节类型。

```
data = b'张'
print('将汉字"张"转为字节类型为', data)
```

运行结果如下：

```
data = b'张'
SyntaxError: bytes can only contain ASCII literal characters.
```

注意》》 字节类型只能包含 ASCII 常量字符，而汉字不包含在 ASCII 编码中。

【例 8-55】将汉字"张"转成 UTF-8 格式的字节类型。

```
data = '张'.encode('utf-8')
#或
data = bytes('张', 'utf-8')
print('将汉字"张"转为字节类型为', data)
```

运行结果如下：

将汉字"张"转为字节类型为 b'\xe5\xbc\xa0'

【例 8-56】查看"张"字的数据构成。

```
data = '张'.encode('utf-8')
for x in data:
    print(x)
```

运行结果如下：

```
229
188
160
```

注意》》 汉字"张"由 3 个部分组成，每个部分表示 1 字节，所以每个汉字都由 3 字节组成，长度是 24 位。

【例 8-57】将"张"字的字节数据转换为二进制数据。

```
#使用 encode 将字符串以 UTF-8 编码转为二进制
data = '张'.encode('UTF-8')
for x in data:
    print(bin(x))
```

运行结果如下:

```
0b11100101
0b10111100
0b10100000
```

注意》》 汉字"张"的二进制写法是 11100101 10111100 10100000,意味着对于计算机而言,这个
汉字就是按照这样的格式保存在计算机中。

### 8.4.2 字节数组类型

字节数组相当于一个 Python 列表中存放多个字节而形成的一种结果。

【例 8-58】将汉字"张"转换为字符数组。

```
data = bytearray('张', 'utf-8')                          #bytearray 就是字符数组
print(data, type(data))
```

运行结果如下:

```
bytearray(b'\xe5\xbc\xa0') <class 'bytearray'>
```

注意》》 字节数组中存放的内容就是"张"字对应的字节内容。

也可以将一个数字列表转换为字节数组。

【例 8-59】将列表转换为字节数组。

```
data = bytearray([3, 1, 5])
print(data, type(data))
```

运行结果如下:

```
bytearray(b'\x03\x01\x05') <class 'bytearray'>
```

注意》》 列表中如果存放数字,则不能指定编码格式。

## 8.5  点餐系统信息存储

本示例模拟早餐店的点餐流程,向用户提供饮料、主食等两大类食品供选择,点餐完毕后计算
消费总额,并提供存储功能。本示例主要考察函数的封装、for 循环、while 循环、JSON 数据序列
化、文件存储等功能,逻辑较为复杂,其实现过程如下。

【例 8-60】点餐系统完成代码。

```
import os                                          #导入 os 模块用于操作路径
```

```python
import json                          #导入json模块用于数据的序列化

饮料s = {}
饮料路径 = 'drink.log'
主食s = {}
主食路径 = 'food.log'
菜单 = {'主食': [], '饮料': []}          #使用列表存放所有主食和饮料，默认为空
报表路径 = 'price.log'
def 备餐():
    global 饮料s, 主食s
    if os.path.exists(饮料路径):
        with open(饮料路径, 'r', encoding='utf-8') as f:
            饮料s = json.loads(f.read())
    else:
        #所有售卖的饮料数据，以字典类型表示
        饮料s = [
            {'食物': '酸梅汤', '价格': 1},
            {'食物': '雪碧', '价格': 7},
            {'食物': '果粒橙', '价格': 5},
            {'食物': '芬达', '价格': 7},
            {'食物': '牛奶', '价格': 4},
            {'食物': '豆浆', '价格': 2}
        ]
        with open(饮料路径, 'w', encoding='utf-8') as f:
            f.write(json.dumps(饮料s, ensure_ascii=False))
    if os.path.exists(主食路径):
        with open(主食路径, 'r', encoding='utf-8') as f:
            主食s = json.loads(f.read())
    else:
        主食s = [
            {'食物': '油条', '价格': 2},
            {'食物':'包子', '价格': 1.5},
            {'食物': '饼夹菜', '价格': 5},
            {'食物': '鸡蛋灌饼', '价格': 6},
            {'食物': '手抓饼', '价格': 3},
            {'食物': '挂面汤', '价格': 5},
        ]
        with open(主食路径, 'w', encoding='utf-8') as f:
            f.write(json.dumps(主食s, ensure_ascii=False))

def 点餐():
    选中 = 0
    while True:
        if 选中 == 0:
            print("---------欢迎点餐---------\n 我们提供的饮品：")
            for idx, 饮料 in enumerate(饮料s):
                print(idx+1, 饮料['食物'], 饮料['价格'], '元')
            print(0, '不选')
            a = int(input('请输入序号选择您需要的饮品：'))
            if a in range(1, len(饮料s)+1):
                菜单['饮料'].append(饮料s[a-1])
                for 已选 in 菜单['饮料']:
                    print('已选饮料', 已选['食物'], 已选['价格'], '元')
```

```
            elif a == 0:
                print('退出选择')
                选中 = 1
            else:
                print('选择错误')
        elif 选中 == 1:
            print("---------欢迎点餐---------\n 我们提供的主食: ")
            for idx, 主食 in enumerate(主食s):
                print(idx + 1, 主食['食物'], 饮料['价格'], '元')
            print(0, '不选')
            a = int(input('请输入序号选择您需要的主食: '))
            if a in range(1, len(主食s) + 1):
                菜单['主食'].append(主食s[a - 1])
                for 已选 in 菜单['主食']:
                    print('已选主食', 已选['食物'], 已选['价格'], '元')
            elif a == 0:
                print('退出选择')
                break
            else:
                print('选择错误')


total = 0

def 打印报表():
    global total
    print('---------统计报表---------')
    print('已选', '花费(元)')
    for 选中 in 菜单['主食']:
        print(选中['食物'], f"{选中['价格']}元")
        total += 选中['价格']
    for 选中 in 菜单['饮料']:
        print(选中['食物'], f"{选中['价格']}元")
        total += 选中['价格']

    print('累计费用: {:.2f}元'.format(total))

def 存储报表():
    data = json.dumps(菜单, ensure_ascii=False)
    with open(报表路径, 'a', encoding='utf-8') as f:
        f.write(data+'\n')

def main():
    备餐()
    #while 死循环
    while True:
        #输出主菜单
        print('-----------欢迎使用点餐系统------------\n 本软件提供如下功能: ')
        lis = ['1. 点餐', '2. 打印报表', '3. 存储报表', '4. 退出系统']
        for i in lis:
            print(i)
        #接收用户的输入
        a = int(input('请输入数字选择一项功能: '))
        if a == 1:
```

```
        print('开始点餐')
        #调用点餐函数
        点餐()
        continue
    elif a == 2:
        print('正在打印报表')
        #调用打印报表函数
        打印报表()
        continue
    elif a == 3:
        print('正在存储报表')
        #调用存储报表函数
        存储报表()
        continue
    elif a == 4:
        print('成功退出系统')
        #退出循环
        break
    else:
        print('输入错误请重新输入！')
        continue


if __name__ == '__main__':
    main()
```

本项目具有的功能主要是：欢迎页面、点餐功能、打印报表、存储报表、退出系统等功能，其中点餐又分为饮品和主食两个部分，具体流程如图 8-36 所示。

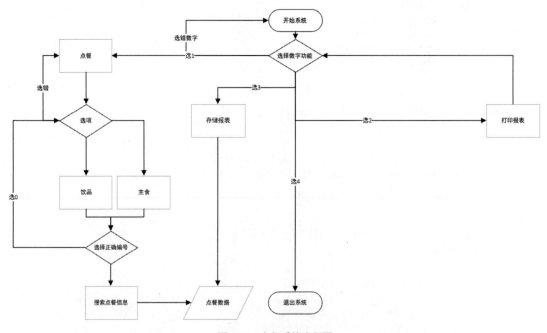

图 8-36　点餐系统流程图

(1) 运行系统后，首先出现欢迎界面，包含点餐、打印报表、存储报表、退出系统 4 个选项。根据对应的编号选择相关的功能，效果如图 8-37 所示。

```
------------欢迎使用点餐系统------------
本软件提供如下功能：
1．点餐
2．打印报表
3．存储报表
4．退出系统
请输入数字选择一项功能：
```

图 8-37　项目运行首页

(2) 输入 1，直接进入饮品界面，用户自行选择购买哪些商品，效果如图 8-38 所示；选择 0 退出后进入主食页面，效果如图 8-39 所示。

```
请输入数字选择一项功能：1
开始点餐
---------欢迎点餐---------
我们提供的饮品：
1 酸梅汤 1 元
2 雪碧 7 元
3 果粒橙 5 元
4 芬达 7 元
5 牛奶 4 元
6 豆浆 2 元
0 不选
请输入序号选择您需要的饮品：
```

图 8-38　饮品界面

```
---------欢迎点餐---------
我们提供的主食：
1 油条 2 元
2 包子 2 元
3 饼夹菜 2 元
4 鸡蛋灌饼 2 元
5 手抓饼 2 元
6 挂面汤 2 元
0 不选
请输入序号选择您需要的主食：
```

图 8-39　主食页面

(3) 输入 2，打印用户所购买的所有商品信息并显示总消费金额，效果如图 8-40 所示。

(4) 输入 3，将刚才生成的报表数据存储至本地文件，效果如图 8-41 所示。

```
请输入数字选择一项功能：2
正在打印报表
--------统计报表--------
已选 花费（元）
累计费用：0.00元
------------欢迎使用点餐系统------------
本软件提供如下功能：
1．点餐
2．打印报表
3．存储报表
4．退出系统
请输入数字选择一项功能：
```

图 8-40　打印报表界面

```
------------欢迎使用点餐系统------------
本软件提供如下功能：
1．点餐
2．打印报表
3．存储报表
4．退出系统
请输入数字选择一项功能：3
正在存储报表
```

图 8-41　存储报表

(5) 输入 4，直接退出当前页面。

# 📖 本章小结

　　本章主要介绍了文件和文件夹的相关操作。首先介绍了文本文件的写入与读取、Python 内置的 os 模块的基本使用、常见的结构化文件等；其次，介绍了二进制数据，涉及到字节类型和字节数组类型；最后，以点餐系统示例综合运用本章所涉及的重要知识。

# 📖 思考与练习

## 一、单选题

1. 一个字节由(　　)位组成。

　　A. 1024　　　　　　　B.1000　　　　　　C. 8　　　　　　　D. 2048

2. 字母 f 对应的 ASCII 码的十进制是(　　)。

　　A.70　　　　　　　　B. 102　　　　　　　C. 65　　　　　　D. 97

3. 目前最常用的编码格式是(　　)。

　　A. GBK　　　　　　　B. GB2312　　　　　C. GB18030　　　D. UTF-8

4. 将 JSON 数据转换为 Python 字典可以使用 json 库的(　　)函数。

　　A. reload　　　　　　B. loads　　　　　　C. dump　　　　　D. dumps

5. 前端与后端数据交互最常用的数据模式是(　　)。

　　A. JSON　　　　　　　B. XML　　　　　　　C. 字符串　　　　D. utf-8

## 二、多选题

1. 二进制指的是由(　　)数字组成的部分。

　　A. 0　　　　　　　　　B. 1　　　　　　　　C. 2　　　　　　　D. 3

2. Python 的 open 函数的读写模式包括下列的(　　)。

　　A. w　　　　　　　　　B. r　　　　　　　　C. x　　　　　　　D. a

3. 下列(　　)路径可以看作相对路径。

　　A. 1.txt　　　　　　　B. .\\1.txt　　　　　C… /a/1.txt　　　D. c:\\1txt

4. 下列(　　)方式可以创建文件夹。

　　A. os.mkdir　　　　　B. os.makedirs

　　C. mkdir 命令　　　　D. os.listdir

## 三、填空题

1. 1 字节最多包含_____个字符。

2. shutil 模块复制文件夹可以使用_____ (填小写字母)。

3. CSV 文件的数据与数据之间通过_____隔开(填汉字)。

4. 国标用字母表示可以缩写为_____ (填小写字母)。

5. 可扩展标记语言翻译为_____，超文本标记语言翻译为_____(均填大写字母)。

6. 从数据体积来讲，XML 比 JSON 更_____；从传输速度上来讲，XML 比 JSON 更_____(填大/小或快/慢)。

## 四、判断题

1. ASCII 可以显示汉字。 （　　）
2. 字符 a 大于字符 A。 （　　）
3. GB2312 包含了 GB18030。 （　　）
4. GBK 不是国家标准编码。 （　　）
5. GBK 编码被称为万国码。 （　　）
6. 当读取大型文本文件时最好分块读取。 （　　）

## 五、编程题

1. 编写如下程序。
(1) 现有两行数据，请编写脚本将数据并存放在.txt 文件中。

```
url:/baidu/api/register@mobile:18866668888@pwd:123456
url: /baidu/api/recharge@mobile:18866668888@amount:1000
```

(2) 把.txt 中的两行内容取出然后返回如下格式的数据。

```
[{'url':'/baidu/api/member/register','mobile':'18866668888','pwd':'123456'},{'url':'/baidu/api/member/recharge','mobile':'18866668888','amount':'1000'}]
```

2. 随机向"统计.txt"中插入 5000 条数据，数据由 random 模块生成 100 以内的随机整数，每条数据格式要求为保留整数 5 位，不足 5 位的前面补 0，如 00001。请读取文件中每个数字出现的次数并输出出现次数最多的前 3 个数字。

3. 创建一个文件夹名为 code_a，在 code_a 中再创建一个文件夹名为 code_b，在 code_b 中创建空白文件 c.txt 并写入内容为 hello，将 c.txt 移动至 code_a 下，最后删除整个 code_a 文件夹。

4. 创建一个.csv 文件名为"学生信息.csv"，在其中插入 3 行数据，分别为姓名、数学、语文、平均分；张三、50、100；李四、95、80。其中，每个学生的平均分请计算完成后再写入表格。

5. 假设现有文件夹为 images，里面包含了若干.jpg、.png 等格式的图片，请将.jpg 格式的图片删除。

读书笔记

数据库编程是现代软件开发中不可或缺的一部分，通过掌握数据库编程的基础概念、SQL 查询语言，以及利用 Python 进行数据库操作的方法，读者可以构建可靠、高效的数据库应用程序，并处理大量结构化数据。

Python 定义了一套用来操作数据库的 API 接口，只需安装对应的数据库驱动即可操作所有的主流数据库。本章将介绍如何使用 Python 脚本操作 MySQL 数据库。

### 学习目标

> ➢ 了解数据库的分类
> ➢ 掌握使用 pymysql 操作 MySQL 数据库的方法
> ➢ 掌握连接池的概念与原理
> ➢ 掌握数据库的增、删、改、查操作方法

# 9.1 数据库分类

数据库(DataBase)简称 DB，是用来存储与管理数据的系统软件。随着互联网的发展，当前最常见的数据库模型主要分为**关系型数据库**和**非关系型数据库**两类。其中，MySQL 是关系型数据库的代表，也是较流行的数据库之一，被广泛用于 Web 应用程序和企业级应用程序中。

## 9.1.1 关系型数据库

关系型数据库管理的表由行和列组成，与日常生活中填写的表格类似，每条数据是一行，每行分若干列，如图 9-1 所示。

| id | content | top_doc | create_time | modify_time | create_user_id | pre_content | parent_doc |
|----|---------|---------|-------------|-------------|----------------|-------------|------------|
| 2 | <h1 id="h1-1.1u301 | 2 | 2022-09-05 16:30:11 | 2022-09-05 16:30:54 | 1 # 1.1 【版本介绍】多- | | 0 |
| 3 | <h1 id="h1-2.1u301 | 2 | 2022-09-05 17:14:44 | 2022-09-05 17:14:44 | 1 # 2.1 【运行技巧 01】 | | 0 |
| 4 | <h1 id="h1-3.1u301 | 2 | 2022-09-05 17:45:25 | 2022-09-05 17:45:25 | 1 # 3.1 【界面改造 01】 | | 0 |
| 5 | <h1 id="h1-4.1u301 | 2 | 2022-09-05 17:59:06 | 2022-09-05 17:59:06 | 1 # 4.1 【高效编辑 01】 | | 0 |
| 6 | <h1 id="h1-5.1u301 | 2 | 2022-09-05 18:11:12 | 2022-09-05 18:11:12 | 1 # 5.1 【提高效率 01】 | | 0 |
| 7 | <h1 id="h1-6.1u301 | 2 | 2022-09-05 18:28:50 | 2022-09-05 18:28:50 | 1 # 6.1 【搜索技巧 01】 | | 0 |
| 8 | <h1 id="h1-7.1u301 | 2 | 2022-09-05 18:34:28 | 2022-09-05 18:34:28 | 1 # 7.1 【版本管理 01】 | | 0 |
| 9 | <h1 id="h1-8.1u301 | 2 | 2022-09-05 18:51:15 | 2022-09-05 18:51:15 | 1 # 8.1 【插件神器 01】 | | 0 |
| 10 | <h1 id="h1-9.1u301 | 2 | 2022-09-05 19:27:31 | 2022-09-05 19:27:31 | 1 # 9.1 【必学技巧 01】 | | 0 |

图 9-1　关系型数据库的数据结构

图 9-1 是某博客项目数据表的数据，每条数据均由 id、content、top_doc 等 8 列组成，每条数据的结构都一样。关系型数据库主要包括 MySQL、Postgresql、Oracle、SqlServer、Access、Sybase 等。

## 9.1.2　非关系型数据库

与关系型数据库相对应的就是非关系型数据库(NoSQL)。该类型的数据库由键值对组成，对数据的结构没有强制要求，如图 9-2 所示。

```
row   value
1     {"name": "张三", "age":  20}
2     {"name": "张三"}
3     1
4     baidu
```

图 9-2　非关系型数据库的数据结构

图 9-2 为当前主流的高性能 Key-Value 数据库 Redis 的某页数据，页面结构简洁而且每条数据的格式都不一样。常见的非关系型数据库有数字类型、JSON 类型的数据。NoSQL 数据库适合存储使用通用型爬虫技术采集的非结构化数据，因为不同网页采集到的数据结构都不同，所以使用关系型数据库就没有办法更好地存储。

# 9.2　MySQL 数据库

MySQL 数据库的优势有很多，首先它支持多个操作系统，其次该数据库的底层由 C 和 C++语言编写，性能上有保障，重要的是它为多种编程语言都提供了接口，灵活性极强。

提示 》》》本节使用的 MySQL 数据库版本为 8.0，用户名为 root，密码为 123456。

Python 不能直接操作 MySQL 数据库，需要安装一个名为 pymysql 的第三方 Python 库，安装命令如下。

```
pip install pymysql
```

安装成功后，如果想操作该数据库，则需要在脚本中引入 pymysql，代码如下。

```
import pymysql
```

## 9.2.1　MySQL 数据库的连接

导入 pymysql 后，必须先获得连接(connect)，代码如下。

```
import pymysql
con = pymysql.connect()                        #获取连接
```

在 connect 方法中需要填写相关参数，按住 Ctrl 键不放，将鼠标指针放置在 connect 单词上可以查看官方文档，如图 9-3 所示。

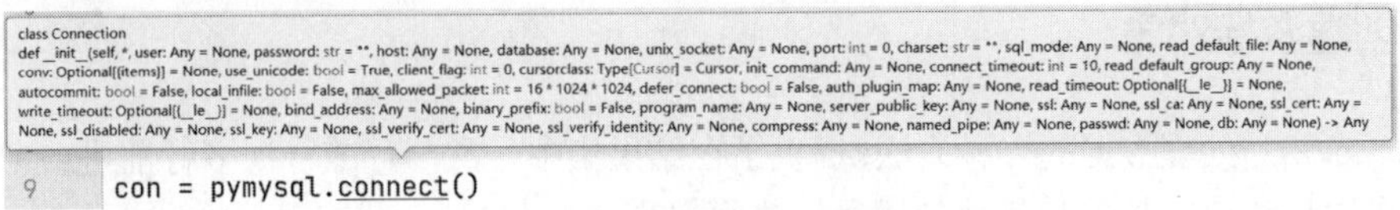

图 9-3　连接方法语法提示

连接数据库常用的参数如下。

(1) user：数据库的用户名，默认为空，实际为必填项。

(2) password：数据库的密码，默认为空，实际为必填项。

(3) host：数据库的 IP 地址，默认为 localhost，也可以写为 127.0.0.1。

(4) port：数据库的端口，默认 3306，必须是数字类型。

(5) charset：数据库的编码，默认为空，一般写为 utf8mb4。

(6) database：要使用的数据库名称，默认为 None。

【例 9-1】连接 MySQL 数据库，指定用户名为 root，密码为 123456，并输出连接对象。

```
import pymysql
con = pymysql.connect(user='root', password='123456')
print(con)
```

运行结果如下：

```
<pymysql.connections.Connection object at 0x00000249D9ED3978>
```

上述示例中使用的用户名和密码是安装数据库环境时提前设置好的,如果输出结果同上则说明连接成功。

如果数据库服务没有启动，则运行脚本后会抛出异常，错误如下。

```
pymysql.err.OperationalError: (2003, "Can't connect to MySQL server on 'localhost'
([WinError 10061] 由于目标计算机积极拒绝，无法连接。)")
```

如果用户名或密码填写错误，则其运行结果如例 9-2 所示。

【例 9-2】使用错误的用户名或密码连接数据库。

```
import pymysql
con = pymysql.connect(user='z', password='123456')
print(con)
```

运行结果如下：

```
pymysql.err.OperationalError: (1045, "Access denied for user 'z'@'localhost'
(using password: YES)")
```

**注意** ⟫ 操作本机数据库时 host 和 port 参数可不填，使用默认值即可。

【例9-3】连接远程数据库。

```
import pymysql
con = pymysql.connect(user='xxxx', password='xxxx', host='x.x.x.x', port=xxxx)
print(con)
```

**注意** ⟫ 远程数据库无法直接访问，需要由对方提供 user、password、host、port 等参数对应的数据。

## 9.2.2 创建游标对象

游标(cursor)是处理数据的一种方法，提供了在结果集中一次一行或一次多行前进或向后浏览的能力，操作数据和获取数据时都要使用游标进行操作。

【例9-4】连接数据库，获取游标 cursor 并输出。

```
import pymysql
con = pymysql.connect(user='root', password='123456')
cursor = con.cursor()                    #根据连接对象生成游标
print(cursor)
```

运行结果如下：

```
<pymysql.cursors.Cursor object at 0x000001B9BDE5C390>
```

**注意** ⟫ 不管是游标还是连接，用完以后必须关闭，完整代码如例 9-5 所示。

【例9-5】连接数据库，获取游标后再进行关闭。

```
import pymysql
con = pymysql.connect(user='root', password='123456')
cursor = con.cursor()
#对数据进行操作
cursor.close()                           #关闭游标
con.close()                              #关闭连接
```

由上述示例可知，操作数据库分为 3 步进行，如图 9-4 所示。

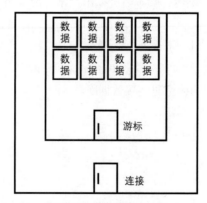

图 9-4　操作数据库的场景

(1) 连接(获取连接和游标)。

(2) 操作(数据的增、删、改、查)。

(3) 关闭(关闭游标和连接)。

**注意》》》** 一定是先关闭游标，再关闭连接。

## 9.2.3 执行 SQL 语句

cursor 执行 SQL 语句的方法有两个，分别是 execute 和 executemany。

(1) execute：执行 1 条 SQL 语句。

(2) executemany：批量执行 SQL 语句。

execute 和 executemany 方法的参数相同且都有两个，参数说明如下。

(1) query：需要执行的 SQL 语句。

(2) args：执行语句时需要用到的数据，默认为 None，需填写列表或元组类型。

**注意》》》** 执行 SQL 语句时必须使用游标。

## 9.2.4 创建数据库

创建数据库的 SQL 语句如下。

```
CREATE DATABASE '数据库的名称';
```

下面介绍如何使用脚本创建数据库。

**【例 9-6】** 创建数据库，名为 food_db，创建完成后关闭相关对象。

```python
import pymysql
con = pymysql.connect(user='root', password='123456')
cursor = con.cursor()
sql = 'CREATE DATABASE `food_db`'
cursor.execute(sql)
cursor.close()
con.close()
```

上述代码的运行结果如图 9-5 所示。

```
cilixiong
db_dorm
dj72
dorm
food_db
```

图 9-5 数据库创建成功

**注意》》》** 同一个数据库不能创建两次。

**【例 9-7】** 使用异常捕获确保创建数据库成功。

```python
import pymysql
```

```
con = pymysql.connect(user='root', password='123456')
cursor = con.cursor()
try:
    sql = 'CREATE DATABASE `food_db`'
    cursor.execute(sql)
except Exception as e:                       #如果创建数据库失败，则只有可能是重复创建
    print('food_db 已经存在，不需要再创建了')
cursor.close()
con.close()
```

运行结果如下：

food_db 已经存在，不需要再创建了

由上述代码可知，可以使用异常捕获来保证代码的稳定性。

【例 9-8】优化创建数据库的 SQL 语句。

```
import pymysql
con = pymysql.connect(user='root', password='123456')
cursor = con.cursor()
sql = 'CREATE DATABASE IF NOT EXISTS `food_db`'
cursor.execute(sql)
cursor.close()
con.close()
```

**注意 》》》** 例 9-8 的写法优化了 SQL 语句并成功解决了错误，改进后的 SQL 语句的含义为 "如果 food_db 数据库不存在则创建，如果存在则什么都不做"。

## 9.2.5 创建数据表

数据库创建完之后，接下来就要在数据库中创建数据表了。表(table)是数据库中用来存储数据的对象，是有结构的数据的集合，是整个数据库系统的基础，每一个数据库都是由若干个数据表组成。

创建表的 SQL 语句如下。

```
CREATE TABLE IF NOT EXISTS `表名` (
    `字段名 1`字段类型(数字) 约束条件,
    `字段名 2`字段类型(数字) 约束条件,
    …
    `字段名 n`字段类型(数字) 约束条件
);
```

**注意 》》》** 字段名 n 最后不能加逗号，否则会出现语句错误。

【例 9-9】使用脚本创建一个表，名为 food，包含 id、name、calory、fat、protein 等 5 列。其中，id 要求为整型、主键、自增，name 为字符串表示食物名称，calory 为浮点型表示卡路里，fat 为浮点型表示脂肪，protein 为浮点型表示蛋白质。

```
import pymysql
con = pymysql.connect(user='root', password='123456')
cursor = con.cursor()
```

```
sql = 'CREATE DATABASE IF NOT EXISTS `food_db`'
cursor.execute(sql)
sql = """
    CREATE TABLE IF NOT EXISTS `food` (
`id` INTEGER PRIMARY KEY AUTO_INCREMENT,
`name`VARCHAR(30),
`calory`FLOAT,
`fat`FLOAT,
`protein`FLOAT
    )
"""
cursor.execute(sql)
cursor.close()
con.close()
```

运行结果如下：

```
pymysql.err.OperationalError: (1046, 'No database selected')
```

**注意》》** 数据库创建完成后需要先选中，才能继续向下执行。

【例 9-10】创建数据库后并选中名为 food_db 的数据库。

```
import pymysql
con = pymysql.connect(user='root', password='123456')
cursor = con.cursor()
sql = 'CREATE DATABASE IF NOT EXISTS `food_db`'
cursor.execute(sql)
sql = "USE `food_db`"                  #选中数据库
cursor.execute(sql)
sql = """
    CREATE TABLE IF NOT EXISTS `food` (
`id` INTEGER PRIMARY KEY AUTO_INCREMENT,
`name`VARCHAR(30),
`calory`FLOAT,
`fat`FLOAT,
`protein`FLOAT
    )
"""
cursor.execute(sql)
cursor.close()
con.close()
```

打开 Navicate 查看表是否创建成功，如图 9-6 所示。

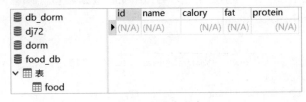

图 9-6　创建表成功

在上述代码中，PRIMARY KEY 表示主键，特点是唯一；AUTO_INCREMENT 表示自增且自动加 1；FLOAT 表示浮点型；VARCHAR 表示字符型，括号中的长度表示存储多少个字符，最长可为 255，此例中设为 30，表示食物的名称最多占用 30 个字符。

## 9.2.6 插入数据

插入数据的 SQL 语句如下。

```
INSERT INTO `表名`(`字段 1`,`字段 2`,…,`字段 n`)VALUES (数值 1,数值 2,…,数值 n);
```

【例 9-11】向 food 表中插入蛋挞、376.0(热量)、4.1(蛋白质)、21.7(脂肪)等数据。

```
import pymysql
con = pymysql.connect(user='root', password='123456', database='food_db')
cursor = con.cursor()
#插入数据，%s 为占位符，数量和列的数量需保持一致
sql = "INSERT INTO `food` (`name`, `calory`, `fat`, `protein`) VALUES (% s, %s, %s, %s)"
cursor.execute(sql, ('蛋挞', 376.0, 4.1, 21.7))
#插入后需要提交事务才能真正插入表中
con.commit()
cursor.close()
con.close()
```

上述代码的运行结果如图 9-7 所示。

| id | name | calory | fat | protein |
|----|------|--------|-----|---------|
| 1 | 蛋挞 | 376 | 4.1 | 21.7 |

图 9-7　插入一条数据

数据成功插入表中，其编号自动为 1 且后续数据的编号会自动加 1，这就是主键自增的特点。再次运行例 9-11 中的代码，结果如图 9-8 所示。

| id | name | calory | fat | protein |
|----|------|--------|-----|---------|
| 1 | 蛋挞 | 376 | 4.1 | 21.7 |
| 2 | 蛋挞 | 376 | 4.1 | 21.7 |

图 9-8　插入重复数据

注意》》　重复的数据将影响后续的数据分析、数据挖掘的结果，会造成冗余，浪费了不必要的空间。

【例 9-12】向 food 表中批量插入 3 条数据。

向 food 表中插入 3 条数据，分别是饼干、435.0、9.0、12.7，蛋糕(黄蛋糕)、320.0、9.5、6.0，巧克力、589.0、4.3、40.1 等。

```
import pymysql
con = pymysql.connect(user='root', password='123456', database='food_db')
cursor = con.cursor()
sql = "INSERT INTO `food` (`name`, `calory`, `fat`, `protein`) VALUES (%s, %s, %s, %s)"
#一次性插入多条数据
```

```
cursor.executemany(sql, [('饼干', 435.0, 9.0, 12.7), ('蛋糕(黄蛋糕)', 320.0, 9.5,
6.0), ('巧克力', 589.0, 4.3, 40.1)])
    con.commit()
    cursor.close()
    con.close()
```

上述代码的运行结果如图 9-9 所示。

| id | name | calory | fat | protein |
|---|---|---|---|---|
| 1 | 蛋挞 | 376 | 4.1 | 21.7 |
| 2 | 蛋挞 | 376 | 4.1 | 21.7 |
| 3 | 饼干 | 435 | 9 | 12.7 |
| 4 | 蛋糕(黄蛋 | 320 | 9.5 | 6 |
| 5 | 巧克力 | 589 | 4.3 | 40.1 |

图 9-9　批量插入多条数据

【例 9-13】向 food 表中插入格式错误的数据。

向 food 表中插入一条错误数据，数据为红薯干、未知、未知、未知。

```
import pymysql
con = pymysql.connect(user='root', password='123456', database='food_db')
cursor = con.cursor()
sql = "INSERT INTO `food` (`name`, `calory`, `fat`, `protein`) VALUES (%s, %s, %s,
%s)"
    cursor.execute(sql, ('红薯干', '未知', '未知', '未知'))
    con.commit()
    cursor.close()
    con.close()
```

运行结果如下：

```
Traceback (most recent call last):
pymysql.err.DataError: (1265, "Data truncated for column 'calory' at row 1")
```

上述代码运行后抛出异常，报错原因是"calory 字段的数据长度太短"，可能是类型不匹配，也可能是数据长短超过列能容纳的最大长度，不管哪种情况，在执行脚本的过程中都应该避免，可以使用异常捕获和回滚(rollback)来解决此问题。

【例 9-14】执行插入语句失败后再进行回滚操作。

```
import pymysql
con = pymysql.connect(user='root', password='123456', database='food_db')
cursor = con.cursor()
try:
sql = "INSERT INTO `food` (`name`, `calory`, `fat`, `protein`) VALUES (%s, %s, %s,
%s)"
    cursor.execute(sql, ('红薯干', '未知', '未知', '未知'))
    con.commit()
except Exception as e:
    print("插入失败，进行回滚")
    con.rollback()
cursor.close()
con.close()
```

运行结果如下：

插入失败，进行回滚

上述脚本中使用了 rollback 方法，当数据库某些操作执行失败后，可以通过回滚操作将数据库恢复到其提交更改之前的状态。这是一个非常重要的方法，有助于在任何事务失败的情况下维护数据库的完整性。

### 9.2.7 更新数据

更新数据对应的 SQL 语法如下。

```
UPDATE <表名> SET `字段1`=值1 [,`字段2`=值2... ] [WHERE 子句 ][ORDER BY 子句] [LIMIT 子句]
```

【例 9-15】将 food 表中 id 为 2 的食物信息更新为冰激凌、127.0、2.4、5.3。

```
import pymysql
con = pymysql.connect(user='root', password='123456', database='food_db')
cursor = con.cursor()
sql = "UPDATE `food` SET `name`=%s, `calory`=%s, `fat`=%s, `protein`=%s WHERE `id`=%s"
cursor.execute(sql, ('冰激凌', 127.0, 2.4, 5.3, 2))
con.commit()
results = cursor.fetchall()
print('获取所有数据', results)
cursor.close()
con.close()
```

上述代码的运行结果如图 9-10 所示。

| id | name | calory | fat | protein |
|----|------|--------|-----|---------|
| 1 | 蛋挞 | 376 | 4.1 | 21.7 |
| 2 | 冰激凌 | 127 | 2.4 | 5.3 |
| 3 | 饼干 | 435 | 9 | 12.7 |
| 4 | 蛋糕(黄蛋糕) | 320 | 9.5 | 6 |
| 5 | 巧克力 | 589 | 4.3 | 40.1 |

图 9-10　更新语句执行成功

### 9.2.8 查询数据

查询操作是数据库中最常用的操作，无论是手机 App 展示数据，还是百度搜索引擎技术，或是翻页技术，用的都是查询功能。查询语句对应的 SQL 语句如下。

```
select [all | distinct] <目标列表达式>[, <目标列表达式>] from <表名或视图名>[, <表名或视图名>][where <条件表达式>] group by <列名1> [having <条件表达式>] order by <列名2> [asc | desc][limit [start,] count]
```

cursor 对象主要提供了 3 种获取查询结果的方法，分别是 fetchone、fetchmany 和 fetchall，下面分别展开进行介绍。

### 1. fetchone

fetch 意为"获取"，fetchone 意为"获取查询结果的第一条数据"。

【例 9-16】查询 food 表中所有食物的数据，包括 id、name、calory、fat、protein 等 5 列并提取第一条数据。

```
import pymysql
con = pymysql.connect(user='root', password='123456', database='food_db')
cursor = con.cursor()
sql = "SELECT * FROM `food`"                    #查询 food 表中的所有数据
cursor.execute(sql)
result = cursor.fetchone()                      #提取查询结果的第一条数据
print('查询到的第一条数据', result)
cursor.close()
con.close()
```

运行结果如下：

查询到的第一条数据 (1, '蛋挞', 376.0, 4.1, 21.7)

【例 9-17】查询 id 为 100 的数据的所有信息。

```
import pymysql
con = pymysql.connect(user='root', password='123456', database='food_db')
cursor = con.cursor()
sql = "SELECT * FROM `food` WHERE `id`=100"
cursor.execute(sql)
result = cursor.fetchone()
print('查询到的第一条数据', result)
cursor.close()
con.close()
```

运行结果如下：

查询到的第一条数据 None

注意 》》》 fetchone 查询不到数据时会返回 None，否则会返回包含数据列的元组。

### 2. fetchmany

fetchmany 意为"获取很多数据"，size 表示提取多少条数据，其语法格式如下。

```
fetchmany(size=None)
```

【例 9-18】使用 fetchmany 获取第一条数据。

```
import pymysql
con = pymysql.connect(user='root', password='123456', database='food_db')
cursor = con.cursor()
sql = "SELECT * FROM `food`"
cursor.execute(sql)
results = cursor.fetchmany()
print('获取到的第一条数据', results)
cursor.close()
con.close()
```

运行结果如下：

获取到的第一条数据 ((1, '蛋挞', 376.0, 4.1, 21.7),)

> **注意 »»** fetchmany 如果没有指定 size 大小，则默认取第一条数据。

【例 9-19】使用 fetchmany 获取前 2 条数据。

```python
import pymysql
con = pymysql.connect(user='root', password='123456', database='food_db')
cursor = con.cursor()
sql = "SELECT * FROM `food`"
cursor.execute(sql)
results = cursor.fetchmany(2)
print('获取到的前 2 条数据', results)
cursor.close()
con.close()
```

运行结果如下：

获取到的前 2 条数据 ((1, '蛋挞', 376.0, 4.1, 21.7), (2, '冰激凌', 127.0, 2.4, 5.3))

### 3. fetchall

fetchall 意为"获取所有数据"，返回元组类型，每个元组代表 1 行数据。

【例 9-20】查询 food 表中所有食物的 name、calory 等两列数据并输出。

```python
import pymysql
con = pymysql.connect(user='root', password='123456', database='food_db')
cursor = con.cursor()
sql = "SELECT `name`, `calory` FROM `food`"
cursor.execute(sql)
results = cursor.fetchall()
print('获取所有数据', results)
cursor.close()
con.close()
```

运行结果如下：

获取所有数据(('蛋挞', 376.0), ('冰激凌', 127.0), ('饼干', 435.0), ('蛋糕(黄蛋糕)', 320.0), ('巧克力', 589.0))

【例 9-21】查询 food 表中 calory 大于 400 的食物名称。

```python
import pymysql
con = pymysql.connect(user='root', password='123456', database='food_db')
cursor = con.cursor()
sql = "SELECT `name` FROM `food` WHERE `calory` > 400"
cursor.execute(sql)
results = cursor.fetchall()
print('获取所有数据', results)
cursor.close()
con.close()
```

运行结果如下：

获取所有数据 (('饼干',), ('巧克力',))

## 9.2.9　游标类型

前面介绍了数据查询的 3 种方式，读者可能已经发现不管哪种写法其查询结果返回的都是元组类型。元组类型作为不可变类型，只能通过索引或循环遍历的方式进行使用，当查询字段很多时，按字段读取数据就成了难题。本节将再介绍几个游标的其他类型。

### 1. Cursor

pymysql 默认使用的游标类型，特点是将查询的结果以元组形式返回。

### 2. DictCursor

将查询的结果以字典形式返回，在进行数据提取时相对元组类型更方便。

【例 9-22】使用 DictCursor 游标类型查询 food 表中 calory 大于 400 的食物名称。

```
import pymysql
#导入相关的游标类型
from pymysql.cursors import DictCursor
con = pymysql.connect(user='root', password='123456', database='food_db')
#设置游标类型
cursor = con.cursor(DictCursor)
sql = "SELECT `name` FROM `food` WHERE `calory` > 400"
cursor.execute(sql)
results = cursor.fetchall()
print('获取所有数据', results)
cursor.close()
con.close()
```

运行结果如下：

获取所有数据 [{'name': '饼干'}, {'name': '巧克力'}]

返回的数据类型为列表中嵌套字典，可以通过循环遍历的形式获取目标数据。上述切换游标类型的写法是临时的，只对当前游标对象有效，如果想要统一更换所有游标类型为 DictCursor，则可以直接修改连接的参数，代码如下。

```
import pymysql
from pymysql.cursors import DictCursor
#连接时指定游标类型
con = pymysql.connect(user='x', password='x',
database='x', cursorclass=DictCursor)
```

上述代码的写法一劳永逸，除了对连接参数进行了修改，其余用法不变。

### 3. SSCursor/SSDictCursor

这两类游标不会像上面使用的 Cursor 和 DictCursor 那样一次性返回所有的数据，而是一条一条地返回查询的数据，就像水管中的水一样慢慢地流，所以这两类游标也被称为“流式游标”，适用于内存低、网络宽带小、数据量大的应用场景。

【例 9-23】使用流式游标查询 food 表中的所有数据并输出。

```python
import pymysql
from pymysql.cursors import SSCursor, SSDictCursor
con = pymysql.connect(user='root', password='123456', database='food_db')
cursor = con.cursor(SSCursor)
sql = "SELECT `name` FROM `food`"
cursor.execute(sql)
food = cursor.fetchone()
while food:
    print('查询到的数据', food)
    food = cursor.fetchone()
cursor.close()
con.close()
```

运行结果如下：

```
查询到的数据 ('蛋挞',)
查询到的数据 ('冰激凌',)
查询到的数据 ('饼干',)
查询到的数据 ('蛋糕(黄蛋糕)',)
查询到的数据 ('巧克力',)
```

例 9-23 中使用的是 fetchone 方法，利用游标的移动进行数据提取。从输出结果看，它和普通的 Cursor 游标类似，但它是以流的形式进行提取的，数据量越大越能体现"流"的优势。

注意 >>> 当采用流式游标后，若数据量真的很大，则会导致游标始终处于循环遍历的状态。也就是说，数据库连接会被占用，在被释放期间无法执行其他的 SQL 语句，除非再新建一个数据库连接。

## 9.2.10 相关操作总结

本章涉及的相关代码示例和实际场景应用都较为复杂，下面对连接、游标等常用方法进行总结。

### 1. pymysql 的常用方法

pymysql 的常用方法总结如表 9-1 所示。

表 9-1 pymysql 的常用方法总结

| 方法 | 描述 |
| --- | --- |
| connect() | 数据库连接对象的一个方法，用于创建数据库的连接，参数可以传入很多，常用的参数有：host、port、user、password、database、charset，connect()创建了连接对象，执行完 SQL 操作后，必须使用 close()进行关闭 |
| close() | 数据库连接对象的一个方法，用于关闭数据库连接 |
| cursor() | 数据库连接对象的一个方法，用于获取游标对象，游标对象的 execute()方法可以执行 SQL 语句 |
| execute(sql) | 游标对象的一个方法，可以执行 SQL 语句 |
| commit() | 提交到数据库，数据库连接对象的一个方法，如果对表数据有修改，则需要将修改提交到数据库，否则修改不会生效 |
| rollback() | 回滚已提交的内容，数据库连接对象的一个方法，依据事务的原子性，提交要么全部生效，要么全不生效，如果遇到异常，则需要对已提交的内容进行回滚 |

### 2. CRUD 操作

CRUD 是指在进行计算处理时的增加(create)、读取(read)、更新(update)和删除(delete)几个单词的首字母简写。CRUD 主要用在描述软件系统中数据库或持久层的基本功能，如表 9-2 所示。

表 9-2　CURD 操作汇总

| 功能 | 描述 |
| --- | --- |
| 创建表 | create table \`表名\` (\`column_name\` column_type); |
| 删除表 | drop table \`表名\`; |
| 查询表数据 | select \`字段名 1\`,\`字段名 2\`, …, \`字段名 n\` from \`表名\` where xxx [limit n][offset m]; |
| 插入表数据 | insert into \`表名\`(\`字段名 1\`,\`字段名 2\`, …, \`字段名 n\`) values(值 1,值 2,…,值 n),(值 21,值 22,…,值 2n)… ; |
| 更新表数据 | update \`表名\` set \`字段名 1\`=新值 1,\`字段名 2\`=新值 2,…,\`字段名 n\`=新值 n where xxx; |
| 删除表数据 | delete from \`表名\` where xxx; |

### 3. 查询操作

目前 pymysql 只提供了 3 种查询方法，如表 9-3 所示。

表 9-3　pymysql 的查询方法

| 方法 | 描述 |
| --- | --- |
| fetchone() | 获取单条记录(元组/字典形式) |
| fetchmany(n) | 获取 n 条记录 (元组/字典形式) |
| fetchall() | 获取所有结果记录(元组/字典形式) |

# 9.3　连接池

前面介绍了 pymysql 对数据库的操作，但是每次连接 MySQL 数据库时都是独立地去请求访问，整个过程相当浪费时间，而且访问量达到一定数量时，会对 MySQL 的性能产生较大的影响。因此，在实际使用中，通常会使用数据库的连接池技术，通过对连接复用的方式来减少资源消耗。

## 9.3.1　为什么需要连接池

正常情况下，当用户使用某种方式连接到服务器时，服务器都需要开辟一片内存为其服务，而内存空间是有限的。当一个请求从客户端传入服务器时都需要在 MySQL 之间创建一条连线，过多的连接会导致服务器内存占用过高，也就是日常生活中所说的"卡"，这时候就需要合理利用资源了。

## 9.3.2　连接池的原理

连接池主要需要两个参数，即默认连接数(假设 20)和最大连接数(假设 100)，其流程图如图 9-11 所示。

(1) 当连接池启动时，首先创建 20 个连接对象放入池中等待用户来取。当用户需要连接时，首先查看池中是否有空闲连接，如果有就从连接池中取出一个可用连接交给用户使用，如果没有就查看当前存活的所有连接总数是否大于最大连接。如果小于最大总数，就创建新连接并交付用户使用；如果等于最大总数，则线程会阻塞，等待有空闲连接时再交予用户。

(2) 当用户用完连接后，查看当前存活连接数是否大于默认值：如果小于等于默认值则将此条连接重新放入空闲池中并等待下一次使用，否则将此条连接释放并销毁，不放入池中。

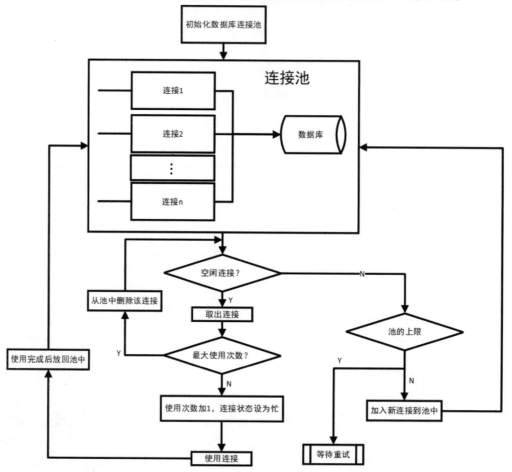

图 9-11　连接池的实现原理

# 9.4　数据库的连接池

本节中的示例将使用 Python 脚本自制一个简易的 MySQL 连接池，该示例的最终代码可以当作模块直接导入使用。首先需要先创建一个项目，名为 DzqcPool，项目结构如图 9-12 所示。

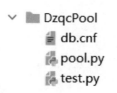

图 9-12　连接池的项目目录结构

其中，db.cnf 表示配置文件，pool.py 表示连接池源码，test.py 用于测试代码。

## 9.4.1　导入依赖的库

Python 的一大特色就是拥有丰富的生态库，本示例除使用 pymysql 外，还引入了 configparser 用于读取配置文件，引入 os 用于操作路径，引入 queue 实现队列功能。

```
import pymysql
#读取配置文件所需要的库
import configparser
import os
import queue
#线程管理所需要的库
import threading
```

## 9.4.2　创建一个类用于读取用户配置文件

常用的配置文件格式有很多，包括.ini、.conf、.json 等。本示例使用的是以.cnf 结尾的配置文件，因此使用 configparser 进行操作并将相关代码封装为一个类。

```
class Config(object):
    def __init__(self, configFileName='db.cnf'):
        #构造函数，初始化 Config 类的实例
        #默认配置文件名称为'db.cnf'
        file = os.path.join(os.path.dirname(__file__), configFileName)
        #获取配置文件的完整路径
        self.config = configparser.ConfigParser()
        #创建 ConfigParser 对象，用于读取配置文件
        self.config.read(file)
        #读取配置文件
    def get_sections(self):
        #获取配置文件中的所有节(section)
        return self.config.sections()
    def get_options(self, section):
        #获取指定节(section)中的所有选项(option)
        return self.config.options(section)
    def get_content(self, section):
        #获取指定节(section)中的所有选项(option)的内容
        result = {}
        #遍历选项(option)
        for option in self.get_options(section):
            #获取选项的值
            value = self.config.get(section, option)
            #将选项的值存入字典 result 中，若值为数字字符串，则转换为整数类型，并存入字典中
            result[option] = int(value) if value.isdigit() else value
        return result
```

### 9.4.3 封装连接参数

数据库的连接需要很多参数，为方便用户操作，特将此功能封装到 Parameter 类中。

```python
class Parameter(object):
    def __init__(self, password, database, host="localhost", port=3306,
user="root", initsize=20, maxsize=100):
        self.host = host
        self.port = port
        self.user = user
        self.password = password
        self.database = database
        self.maxsize = maxsize
        self.initsize = initsize
```

### 9.4.4 封装连接池

连接池使用线程锁技术保障数据不会发生资源抢夺，利用队列管理池中的连接对象，通过异常捕获处理突发的异常情况。

```python
class ConnectPool(Parameter):
    def __init__(self, fileName='db.cnf', configName='mysql'):
        #加载配置文件，配置文件名默认为 'db.cnf'，配置标签默认为 'mysql'
        self.config = Config(fileName).getContent(configName)
        super(ConnectPool, self).__init__(**self.config)
        #创建队列作为池
        self.pool = queue.Queue(maxsize=self.maxsize)
        self.idleSize = self.initsize
        #创建线程锁
        self._lock = threading.Lock()
        #初始化连接池
        for i in range(self.initsize):
            #创建初始化连接数量的连接放入池中
            self.pool.put(self.createConn())
    #生产连接
    def createConn(self):
        return pymysql.connect(
            host=self.host,
            port=self.port,
            user=self.user,
            password=self.password,
            database=self.database,
            charset='utf8'
        )
    #获取连接
    def getConn(self):
        self._lock.acquire()
        try:
            #如果池中有连接则直接获取
            if not self.pool.empty():
```

```
                self.idleSize -= 1
            else:
                #否则重新添加新连接
                if self.idleSize < self.maxsize:
                    self.idleSize += 1
                    self.pool.put(self.createConn())
        finally:
            self._lock.release()
        return self.pool.get()
#释放连接
def releaseCon(self, conn=None):
    try:
        self._lock.acquire()
        #如果池中的连接大于初始值就将多余的连接关闭，否则将连接重新放入池中
        if self.pool.qsize() < self.initsize:
            self.pool.put(conn)
            self.idleSize += 1
        else:
            try:
                #从池中取出多余的连接并关闭
                surplus = self.pool.get()
                surplus.close()
                del surplus
                self.idleSize -= 1
            except pymysql.ProgrammingError as e:
                raise e
    finally:
        self._lock.release()
#查询并得到第一条结果
def fetchone(self, sql):
    themis = None
    cursor = None
    try:
        themis = self.getConn()
        cursor = themis.cursor()
        cursor.execute(sql)
        return cursor.fetchall()
    except pymysql.ProgrammingError as e:
        raise e
    except pymysql.OperationalError as e:
        raise e
    except pymysql.Error as e:
        raise e
    finally:
        cursor.close()
        self.releaseCon(themis)
#执行增、删、改语句
def update(self, sql):
    themis = None
    cursor = None
    try:
```

```
            themis = self.getConn()
            cursor = themis.cursor()
            cursor.execute(sql)
            return cursor.lastrowid
        except pymysql.ProgrammingError as e:
            raise e
        except pymysql.OperationalError as e:
            raise e
        except pymysql.Error as e:
            raise e
        finally:
            themis.commit()
            cursor.close()
            self.releaseCon(themis)
    #释放连接池本身
    def __del__(self):
        try:
            while True:
                conn = self.pool.get_nowait()
                if conn:
                    conn.close()
        except queue.Empty:
            pass
```

### 9.4.5 连接池的使用

使用上述封装的连接池代码，具体代码如下。

```
from pool import ConnectPool
#初始化 ConnectPool 连接池
db = ConnectPool()
#查询数据并返回查询结果
selectSql = "select * from food;"
data = db.fetchone(selectSql)
print(data)
#带条件查询数据并返回查询结果
selectSql = "select * from food where calory>%s"
data = db.fetchone(selectSql, 400)
print(data)
#执行增、删、改语句并返回最后一条数据的 id
insertSql = "insert into food (`name`, `calory`, `fat`, `protein`) values (%s, %s, %s, %s)"
id = db.update(insertSql, '哈哈', 1.0, 2.0, 3.0)
print(id)
```

## 📖✔ 本章小结

本章主要介绍使用 pymysql 库对 MySQL 进行相关操作，包括数据库的创建、选中、删除，表的创建与删除，数据的增、删、改、查等。最后以一个连接池的示例综合运用了本章的知识点。

# 思考与练习

## 一、单选题

1. MySQL 的端口一般设置为(　　)。

　A. 3305　　　　　　　　　　　　　B. 3306

　C. 3307　　　　　　　　　　　　　D. 3308

2. 连接本地 MySQL 数据库主机时，除 127.0.01 外还可以使用(　　)。

　A. 192.168.0.1　　　　　　　　　　B. localhost

　C. 114.114.114.114　　　　　　　　D. 8.8.8.8

3. 在 PyMySQL 中，可以使用(　　)占位符来表示参数传值。

　A. %s　　　　　　B. %d　　　　　　C. %f　　　　　　D. \n

4. pymysql 通过(　　)对象执行 SQL 语句。

　A. 连接　　　　　B. 端口　　　　　C. 游标　　　　　D. 主机

5. 创建数据库的 SQL 语句格式为(　　)。

　A. create table　　　　　　　　　　B. create tables

　C. create databases　　　　　　　　D. create database

## 二、填空题

1. 操作 MySQL 数据库之前必须先_____(填汉字，英文以 c 开头)。

2. 执行增、删、改语句后一般要手动_____(填汉字，英文以 c 开头)。

3. fetchone 的获取结果是_____，若没有数据则返回_____(填小写字母)。

4. 查询数据库时，如果需要指定查询条件则需使用_____关键字(填小写字母)。

5. 使用 insertinto 语句插入数据时，按条插入比批量插入数据的效率要_____(填高或低)。

## 三、编程题

1. 创建数据库，名为 student；创建表，名为 info，包含编号、姓名、年龄、性别等 4 列，列名和数据类型自行决定，要尽可能见名知意且节约空间。

2. 向 info 表中批量插入 1 万条数据，其中年龄为 20~50 的随机数，性别随机为男或女，姓名由百家姓和数字随机组成，如张一、李二、王三等。数据每生成 1000 条就插入一次。

3. 统计各姓氏分别有多少人，按降序排列并输出其结果。

4. 删除按姓氏统计后前三姓氏以外的所有数据。

读书笔记

# Python 计算生态 第**10**章

Python 的计算生态是指在 Python 社区中广泛使用和贡献的各种库、框架和工具的集合。这些组件提供了丰富的功能，涵盖了不同领域的应用。

计算生态=标准库+第三方库。

标准库：随解释器直接安装到操作系统中的功能模块，像之前操作文件夹的 os 模块就属于标准库，也称为内置库。

第三方库：需要通过安装才能使用的功能模块，一般是开发者自行研发的脚本，如 pymysql、PIL、Requests 等。

## 学习目标

➤ 了解 Python 计算生态的概念和重要性
➤ 掌握 Python 内置标准库的使用方法
➤ 掌握常用的 Python 计算生态组件

## 10.1 Python 内置标准库

介绍本章前需要强调几个概念，分别是模块(module)、包(package)、库(library)。

**模块：** 在 Python 中，模块指的是以.py 结尾的脚本文件，包含了若干语句，内部实现了若干功能。其他可以作为模块文件的类型还有.so、.pyo、.pyc、.dll、.pyd 等。

**包：** 包是一种用于组织模块的目录结构，Python 模块所在的目录被称为包，包含了一个或多个相关的模块，通常会在包目录下放置一个名为__init__.py 的特殊文件，以便将目录声明为 Python 包。

**库：** Python 中没有库的概念，平时说的库可以是一个模块，也可以是一个包，或者是库和包的集合体等。

## 10.1.1 随机库 random

随机库是用来生成随机数据的模块，该模块在开发过程中十分常用，其常见的操作如下。

### 1. random.random 方法

random.random 方法用于返回[0.0,1.0)范围内的随机浮点数，不包括 1.0。

【例 10-1】生成 0～1 之间的随机小数。

```
import random
print('随机数据', random.random())
```

运行结果如下：

```
随机数据 0.43553636419279107
```

### 2. random.randint 方法

random.randint 方法的语法结构为 randint(m,n)，用于返回[m,n]之间的随机整数，包括 m 和 n。

【例 10-2】生成 1～10 之间的随机数字。

```
import random
print('随机生成 1～10 之间的整数', random.randint(1, 10))
```

运行结果如下：

```
随机生成 1～10 之间的整数 2
```

### 3. random.randrange 方法

random.randrange 方法的语法结构为 range(start, stop, step)，用于返回一个随机选择的元素。

【例 10-3】生成 1～10 之间的随机数，步长为 2。

```
import random
print('随机生成 1～10 且步长为 2 的随机数', random.randrange(1, 10, 2))
```

运行结果如下：

```
随机生成 1～10 且步长为 2 的随机数 9
```

### 4. random.choice 方法

random.choice 方法的语法结构为 choice(列表/元组/字符串/字典等)，用于返回随机选中的一个元素。

【例 10-4】随机生成一个长度为 6 位的字符串，字符串包含数字、小写字母。

```
import random
def genCode(num):
    code = ""
    numbers = '1234567890'
    lower = 'qwertyuiopasdfghjklzxcvbnm'
    for i in range(num):
        code += random.choice(numbers+lower)
```

```
    return code
code = genCode(6)
print('随机生成6位', code)
```

运行结果如下：

随机生成 6 位 adtwob

#### 5. random.shuffle 方法

random.shuffle 方法用于随机打乱指定列表/字符串的元素排列并返回结果。

【例 10-5】打乱列表 numbers 中的元素顺序。

```
import random
numbers = [1, 3, 4, 2, 9]
print('列表被打乱前', numbers)
random.shuffle(numbers)
print('列表被打乱后', numbers)
```

运行结果如下：

```
列表被打乱前 [1, 3, 4, 2, 9]
列表被打乱后 [9, 4, 3, 2, 1]
```

#### 6. random.sample 方法

random.sample 方法的语法格式为 sample(序列, 数量)，表示从序列中选择 n 个随机且独立的元素。

【例 10-6】从长度为 8 的字符串中随机抽取 3 个字符。

```
import random
names = '赵钱孙李周吴郑王'
datas = random.sample(names, 3)
print('随机选取3个姓', datas)
```

运行结果如下：

随机选取 3 个姓 ['郑', '钱', '李']

### 10.1.2　时间和日期库 datetime

datetime 模块主要用于处理时间和日期，该模块常用的类对象有以下几个。

#### 1. datetime.date

表示日期的类，可用参数包括 year(年)、month(月)、day(日)。

【例 10-7】创建一个日期为 2023 年 5 月 15 日，并获取相关信息。

```
from datetime import date as Date
date = Date(year=2023, month=5, day=15)
print('日期为', date)
print('现在的日期为', date.today())
#如果是星期一则为0，星期二则为1，以此类推
```

```
print('现在是星期', date.weekday())
#如果是星期一则为1，星期二则为2，以此类推
print('现在是星期', date.isoweekday())
print('将日期解包', date.isocalendar())
print('日期格式为', date.isoformat())
print('时间戳转成日期为', date.fromtimestamp(1584562731))
print('日期格式为', date.strftime('%m-%d-%Y'))
```

运行结果如下：

```
日期为 2023-05-15
现在的日期为 2023-05-20
现在是星期 0
现在是星期 1
将日期解包 (2023, 20, 1)
日期格式为 2023-05-15
时间戳转成日期为 2020-03-19
日期格式为 05-15-2023
```

### 2. datetime.datetime

表示日期时间的类。

【例 10-8】获取当前时间，以及对应的年月日等信息。

```
from datetime import datetime
#获取现在的时间
print('当前时间为:',datetime.now())
date = datetime(2021, 6, 15, 12, 40, 29, 840272)
print('创建指定的时间:', date)
#字符串转换为时间
b = '20230506'
d = datetime.strptime(b,'%Y%m%d')
print('将字符串格式化为时间：年月日', d)
print('时间年份为:', d.year)
c = '2023-06-14 10:15:55'
e = datetime.strptime(c,'%Y-%m-%d %H:%M:%S')
print('将字符串格式化为时间：年月日时分秒', e)
print('时间月份为:', e.month)
#时间转换为字符串
today = datetime.now()
print('时间转换为字符串: ', today.strftime('%Y-%m-%d %H:%M:%S'))
print('时间转换为字符串: ', today.strftime('%Y-%m-%d'))
```

运行结果如下：

```
当前时间为: 2023-05-20 14:13:14.514018
创建指定的时间:2021-06-15 12:40:29.840272
将字符串格式化为时间：年月日 2023-05-06 00:00:00
时间年份为:2023
将字符串格式化为时间：年月日时分秒 2023-06-14 10:15:55
时间月份为:6
时间转换为字符串: 2023-05-20 14:13:14
时间转换为字符串: 2023-05-20
```

### 3. datetime.time

表示时间的类。

【例 10-9】根据时分秒创建 time 对象并获取对应的信息。

```
from datetime import time as Time
time = Time(hour=20, minute=15, second=10, microsecond=40)
print('时', time.hour)
print('分', time.minute)
print('秒', time.second)
print('微秒', time.microsecond)
```

运行结果如下：

```
时 20
分 15
秒 10
微秒 40
```

### 4. datetime.timedelta

表示时间间隔，即两个时间点的时间差。

【例 10-10】计算 2022 年 1 月 1 日到现在的时间间隔。

```
from datetime import datetime, timedelta
today = datetime.now()
oldtime = datetime(2022, 1, 1, 0, 0, 0)
print('现在距离 2022 年 1 月 1 日 0 点 0 分 0 秒为：', today - oldtime)
print('现在距离 2022 年 1 月 1 日 0 点 0 分 0 秒的天数为：', (today - oldtime).days)
print('现在距离 2022 年 1 月 1 日 0 点 0 分 0 秒的秒数为：', (today - oldtime).seconds)
print('30 天之前的时间是:', today - timedelta(days=30))
print('10 小时之前的时间是:', today - timedelta(hours=10))
```

运行结果如下：

```
现在距离 2022 年 1 月 1 日 0 点 0 分 0 秒为： 504 days, 14:28:34.487716
现在距离 2022 年 1 月 1 日 0 点 0 分 0 秒的天数为： 504
现在距离 2022 年 1 月 1 日 0 点 0 分 0 秒的秒数为： 52114
30 天之前的时间是:2023-04-20 14:28:34.487716
10 小时之前的时间是:2023-05-20 04:28:34.487716
```

## 10.1.3　时间库 time

time 模块包含了以下内置函数，既可用于时间处理，也可用于转换时间格式。

### 1. time.clock

其用以浮点数计算的秒数返回当前的 CPU 时间，用来衡量不同程序的耗时，比 time.time() 更好用。

【例 10-11】使用 clock 计算循环 1 亿次代码消耗的时间。

```
import time
def procedure():
    for i in range(100000000):
        pass
start = time.clock()
procedure()
end = time.clock()
print('循环 1 亿次的耗时为: ', end - start)
```

运行结果如下:

循环 1 亿次的耗时为:  1.7036379000000001

## 2. time.sleep

其用于推迟调用线程的运行，secs 指秒数。

【例 10-12】使用 sleep 模拟休眠 2 秒。

```
import time
def download(name):
    print('准备下载', name)
    #使用 sleep 模拟下载过程耗时 2 秒
    time.sleep(2)
    print('下载完成', name)
start = time.clock()
download('天龙八部')
end = time.clock()
print('下载文件耗时约: ', end - start)
```

运行结果如下:

准备下载天龙八部
下载完成天龙八部
下载文件耗时约: 2.0115947999999997

## 3. time.time

其用于获得时间戳，返回值为小数，单位是秒。

**时间戳**是指格林威治时间自 1970 年 1 月 1 日(00:00:00 GMT)至当前时间的总秒数。它也被称为 Unix 时间戳。通俗地讲，时间戳是一种能够在特定时间点验证数据存在的可靠方式。

【例 10-13】获取当前的时间戳并输出。

```
import time
print('当前的时间戳为', time.time())
```

运行结果如下:

当前的时间戳为 1684566969.1765025

## 4. time.perf_counter

其返回计时器的精准时间(系统的运行时间)，包含整个系统的睡眠时间。由于返回值的基准点是未定义的，所以只有连续调用的结果之间的差才是有效的。

【例 10-14】编写装饰器计算循环 1 亿次的运行时间。

```
import time
#time 装饰器
def timer(func):
    def wrap(*args, **kwargs):
        begin_time = time.perf_counter()
        result = func(*args, **kwargs)
        start_time = time.perf_counter()
        print('程序的耗时时间为: ', start_time - begin_time)
        return result
    return wrap
@timer
def waste_some_time(num):
    for i in range(num):
        pass
if __name__ == '__main__':
    waste_some_time(100000000)
```

运行结果如下：

程序的耗时时间为：1.7821794

## 10.1.4　绘制图像库 turtle

turtle 翻译为"海龟"，主要用于绘制各种图案和文字。

### 1. 画布的位置与大小

turtle.setup(width, height, startx, starty) 函数用于设置启动 turtle 绘图窗口的位置和大小，以下是参数解释，效果如图 10-1 所示。

(1) width：turtle 绘图窗口的宽度。

(2) height：turtle 绘图窗口的高度。

(3) startx：turtle 绘图窗口距显示器左侧的距离。

(4) starty：turtle 绘图窗口距显示器顶部的距离。

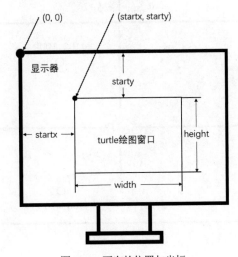

图 10-1　画布的位置与坐标

注意 》》》 width 和 height 如果是整数，则表示该窗口占据多少个像素的宽度；如果为小数，则为占据显示器的百分比，默认 width 占据 50%，height 占据 70%。

如果 startx 和 starty 省略，则窗口默认处于显示器的正中心。

【例 10-15】在屏幕左上角创建一个宽 800、高 400 的画布。

```
import turtle
turtle.setup(800, 400, 0, 0)
turtle.done()
```

上述代码的运行结果如图 10-2 所示。

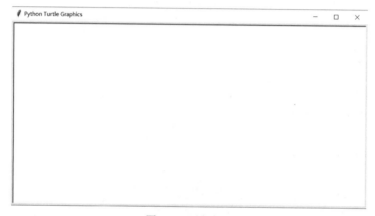

图 10-2　画布大小

### 2. 空间坐标体系

绝对坐标：如图 10-3 所示，将画布的正中心当作绝对坐标(0,0)。海龟默认向右侧运动，所以将 turtle 绘图窗口的右方向定义为 x 轴，上方向定义为 y 轴。

绝对坐标的常用函数如下。

turtle.goto(x, y)：指定 x 和 y 的值，海龟将会到达坐标为(x, y)的位置。

turtle空间坐标系

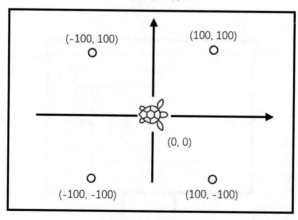

图 10-3　绝对坐标

站在海龟的角度，无论海龟当前的行进方向是朝向哪个角度的，都叫作前进方向，反向就是后退方向，海龟运行的左侧叫作左侧方向，右侧叫作右侧方向。

下面是控制海龟的函数。

(1) turtle.forward(distance)：控制海龟前进 distance 个单位像素的距离。forward 可以简写为 fd，即 turtle.forward(distance)和 turtle.fd(distance)的效果是一样的。

(2) turtle.backward(distance)：控制海龟后退 distance 个单位像素的距离。backward 可以简写为 bk，即 turtle.backward(distance)和 turtle.bk(distance)的效果是一样的。

(3) turtle.circle(r,angle)：以海龟当前位置左侧的某一个点为圆心，在半径为 r 的距离处绘制一个角度值为 angle 的弧形。如果没有指定 angle 的值，则默认为 360°，也就是绘制一个圆。r 和 angle 的值可以为负数，意为反方向。

注意 >>> 顺时针旋转的角度值为负数，逆时针的为正数。

【例 10-16】使用 turtle 绘制一个五角星。

```python
import turtle
for i in range(5):
    turtle.forward(300)          #向前移动 300
    turtle.right(180-180/5)      #180-五角星的内角和/5
turtle.done()
```

上述代码的运行结果如图 10-4 所示。

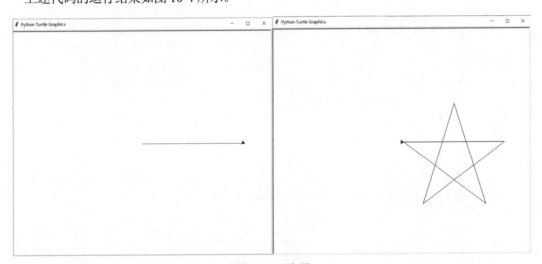

图 10-4　五角星

【例 10-17】使用 turtle 绘制一个空心圆。

```python
import turtle
turtle.setup(300, 300)
turtle.circle(50)
turtle.done()
```

上述代码的运行结果如图 10-5 所示。

图 10-5　空心圆

### 3. 画笔控制

可以设置画笔的粗细、颜色等，常用函数如下。

(1) turtle.penup()或 turtle.pu()或 turtle.up()：抬笔，移动时不绘图。

(2) turtle.pendown()或 turtle.pd()或 turtle.down()：落笔，移动时绘图。

(3) turtle.pensize(width)：设置画笔的尺寸。

(4) turtle.width(width)：设置画笔的宽度。

(5) turtle.pencolor(*args)：如果不给参数，则返回当前画笔的颜色；如果给出参数，则表示设定画笔的颜色。设置颜色时有 3 种方式的参数：①pencolor(colorstring)：colorstring 是一串颜色名称，如 "红色" "绿色" 等；②pencolor((r,g,b))：使用 RGB 颜色代码的 R、G 和 B 三个值的一个元组；③pencolor(r,g,b)：使用 RGB 颜色代码的三个值 R、G 和 B。

【例 10-18】绘制一个正六边形，画笔颜色为红色。

```
import turtle
turtle.pensize(2)
turtle.pencolor('red')
for i in range(6):
    turtle.fd(150)
    turtle.left(60)
turtle.done()
```

上述代码的运行结果如图 10-6 所示。

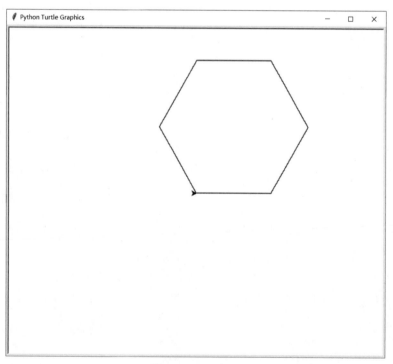

图 10-6　正六边形

# 10.2　Python 第三方库

在软件开发过程中，Python 内置的库有时并不能满足开发需求，可以借助第三方库完成更复杂的功能。在使用第三方库之前，读者需要通过 pip 命令手动安装。本节介绍几个常用的第三方库。

## 10.2.1　文本处理 Python-Docx

Python-Docx 是一个用于创建并修改微软 Word 的 Python 库，提供全套的 Word 操作，是最常用的 Word 工具。

### 1. 相关概念

在使用前，先来了解以下几个概念。

(1) Document：是一个 Word 文档对象，不同于 VBA 中 Worksheet 的概念，Document 是独立的。打开不同的 Word 文档，就会有不同的 Document 对象，相互之间没有影响。

(2) Paragraph：表示段落，一个 Word 文档由多个段落组成。当在文档中输入一个 Enter 键时，就会成为新的段落，输入 Shift+Enter 组合键，不会分段。

(3) Run：表示一个节段，每个段落由多个节段组成。一个段落中具有相同样式的连续文本，会组成一个节段，所以一个段落对象有多个 Run 列表。

例如，有一个文档，内容如图 10-7 所示。

第十章↵

↵
文本处理工具 Python-Docx↓
好用的第三方库之一↵

图 10-7　文档案例

则对应的结构可以这样划分，如图 10-8 所示。

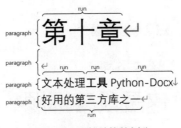

图 10-8　文档结构的划分

### 2. 安装

安装 Python-Docx 工具的命令如下。

```
pip install python-docx
```

### 3. 新增段落并保存

【例 10-19】创建文档，名为 test.docx，插入段落并保存。

```
#引入 Document 类
from docx import Document
#定义一个新文档对象 document
document = Document()
#向文档中插入一个段落(paragraph)
paragraph = document.add_paragraph('这是新增的一个段落')
#再在这个段落(paragraph)前插入另一个段落
prior_paragraph = paragraph.insert_paragraph_before('这是插入的段落')
#最后调用文档对象 document 的 save 方法保存文档
document.save("test.docx")
```

上述代码的运行结果如图 10-9 所示。

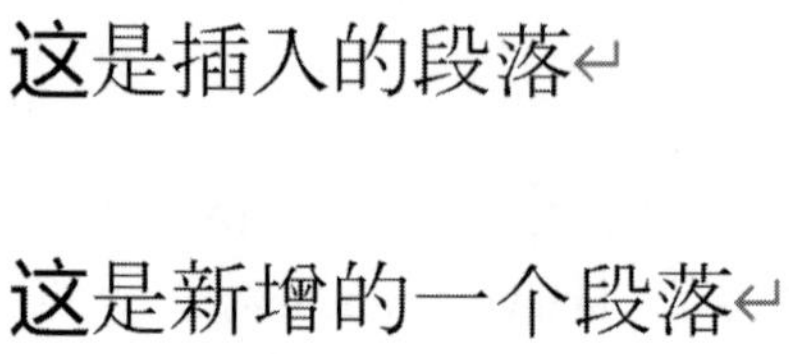

这是插入的段落↵

这是新增的一个段落↵

图 10-9　向文档中添加段落

### 4. 添加标题

默认情况下添加的标题是最高一级的，即一级标题，通过参数 level 进行设定，范围是 1~9，也有 0 级别，表示的是段落标题。

【例 10-20】向 test.docx 文档中添加一级标题、二级标题和段落标题。

```
from docx import Document
document = Document()
document.add_heading('这是一级标题')
document.add_heading('这是二级标题', level=2)
document.add_heading('这是段落标题', level=0)
document.save("test.docx")
```

上述代码的运行结果如图 10-10 所示。

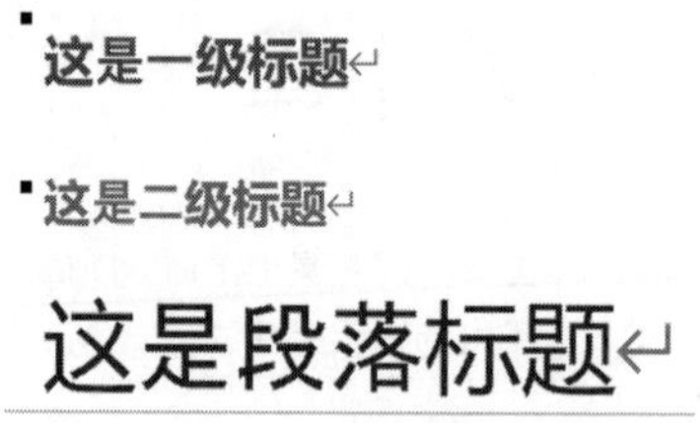

这是一级标题↵

这是二级标题↵

这是段落标题↵

图 10-10　向文档中添加标题

### 5. 添加换页

如果一个段落不满一页，当需要分页时，可以插入一个分页符，直接调用会将分页符插到最后一个段落之后。

【例 10-21】向 test.docx 文档最后添加分页符。

```
from docx import Document
document = Document()
```

```
#在文档最后插入分页
document.add_page_break()
#特定段落分页
from docx.enum.text import WD_BREAK
paragraph = document.add_paragraph("独占一页")    #添加一个段落
paragraph.runs[-1].add_break(WD_BREAK.PAGE)      #在段落最后一个节段后添加分页
document.save("test.docx")
```

## 6. 向文档中插入表格

【例 10-22】向 test.docx 文档中插入一个 3 行 3 列的表格。

```
from docx import Document
document = Document()
#表格数据
items = (
    (1, '蛋挞', '376 千卡'),
    (2, '麻花', '527 千卡'),
    (3, '蛋糕', '348 千卡'),
)
#添加一个表格
table = document.add_table(1, 3)
#设置表格标题
heading_cells = table.rows[0].cells
heading_cells[0].text = '编号'
heading_cells[1].text = '食物名称'
heading_cells[2].text = '热量(千卡/100 克)'
#将数据填入表格中
for item in items:
    cells = table.add_row().cells
    cells[0].text = str(item[0])
    cells[1].text = item[1]
    cells[2].text = item[2]
document.save("test.docx")
```

上述代码的运行结果如图 10-11 所示。

| 编号 | 食物名称 | 热量(千卡/100 克) |
|---|---|---|
| 1 | 蛋挞 | 376 千卡 |
| 2 | 麻花 | 527 千卡 |
| 3 | 蛋糕 | 348 千卡 |

图 10-11　向文档中插入表格

## 7. 添加图片

【例 10-23】向 test.docx 文档中插入一张名为 logo.jpg 的图片。

```
from docx import Document
#Inches 英寸 Emu
from docx.shared import Cm, Inches
```

```
document = Document()
#设置图片的跨度为 5 厘米
document.add_picture('logo.jpg', width=Cm(5))
document.save("test.docx")
```

上述代码的运行结果如图 10-12 所示。

图 10-12　向文档中插入图片

## 8. 样式

【例 10-24】设置 test.docx 文档中的字体为雅黑、斜体，段落为有序、无序的样式。

```
from docx import Document
from docx.oxml.ns import qn                               #中文字体
from docx.shared import Pt, RGBColor                      #字号、颜色
from docx.enum.table import WD_TABLE_ALIGNMENT
document = Document()
#添加一个段落，设置为无序列表的样式
document.add_paragraph('我是个无序列表段落', style='List Bullet')
#添加段落后，通过 style 属性设置样式
paragraph = document.add_paragraph('我也是个无序列表段落')
paragraph.style = 'List Bullet'
paragraph = document.add_paragraph('添加一个段落')
#设置节段文字为加粗
run = paragraph.add_run('添加一个节段')
run.bold = True
#设置节段文字为斜体
run = paragraph.add_run('我是斜体的')
run.italic = True
#字体
paragraph = document.add_paragraph('我是微软雅黑')
run = paragraph.runs[0]
run.font.name = '微软雅黑'
run.font.color.rgb = RGBColor(255, 0, 0)
paragraph.alignment = WD_TABLE_ALIGNMENT.CENTER  #文字居中
run._element.rPr.rFonts.set(qn('w:eastAsia'), '微软雅黑')
document.save("test.docx")
```

上述代码的运行结果如图 10-13 所示。

- 我是个无序列表段落
- 我也是个无序列表段落

添加一个段落**添加一个节段***我是斜体的*

**我是微软雅黑**

图 10-13　设置文档各种样式

## 10.2.2　图像处理 PIL

PIL(Python Imaging Library)是一款非常强大的图像处理标准库，只支持到 Python 2.7，而 Pillow 库是 PIL 的改进版，支持 Python 3 及以上版本。

安装：打开终端，然后执行命令 pip install pillow 即可。

### 1. 从本地打开图片

若要从文件中加载图像则首先应创建 Image 类的实例，然后使用 open()方法来实现。

**【例 10-25】**使用 PIL 的 open 方法打开本地图片 logo.jpg，并使用 show 方法进行显示。

```
from PIL import Image
image = Image.open("logo.jpg")
image.show()
```

上述代码的运行结果如图 10-14 所示。

图 10-14　打开本地图像

**注意 >>>** mage.open()函数会返回一个 Image 对象。如果图像文件打开错误，则会抛出 OSError 错误。

### 2. 从网络读取图片并保存

**【例 10-26】**打开网络地址中的图片并保存到本地。

```
from PIL import Image
import requests
url = 'https://img-baofun.zhhainiao.com/market/5/2023tunian.jpg'
resp = requests.get(url, stream=True).raw
img = Image.open(resp)
img.save('2023tunian.jpg')
```

上述代码中使用了 requests 库，其主要用于发送请求。请求过程中设置 stream 为 True 表示以流的形式返回数据，raw 属性表示二进制数据。上述代码运行完成后，在目录下会生成一个图片文件，如图 10-15 所示。

图 10-15　打开并保存网络图片

### 3. 图片的基础信息

【例 10-27】打开图片并获取图片的宽高、格式、分类等基本信息。

```python
from PIL import Image
image = Image.open("2023tunian.jpg")
print('图片宽度: ', image.width)
print('图片高度: ', image.height)
print('图片大小: ', image.size)
print('图片模式: ', image.mode)
print('图片格式: ', image.format)
print('图片分类: ', image.category)
print('图片只读: ', image.readonly)
print('图片信息: ', image.info)
```

运行结果如下：

```
图片宽度:  960
图片高度:  540
图片大小:  (960, 540)
图片模式:  RGB
图片格式:  JPEG
图片分类:  0
图片只读:  1
图片信息:{'jfif': 257,'jfif_version':(1,1), 'jfif_unit': 0, 'jfif_density': (1, 1)}
```

### 4. 添加图片水印

水印是一种可见或不可见的标记，用于确认照片或图像的版权所有者。水印可以是文字、图像或任何其他标识符，其位置、大小、颜色等均可进行自定义设置。

【例 10-28】在背景图片的左上角添加一张水印图片，水印如图 10-16 所示。

```python
from PIL import Image
image = Image.open("logo.jpg")
water = Image.open("water_white.jpg")
image.paste(water, (100, 100))
image.show()
```

上述代码的运行结果如图 10-17 所示。

图 10-16　水印图片　　　　　　　　　图 10-17　添加图片水印

### 5. 添加文字水印

【例 10-29】为背景图片添加文字水印。

```python
from PIL import Image
from PIL import ImageDraw
from PIL import ImageFont
font=ImageFont.truetype('c:/windows/fonts/msyhl.ttc', 40)
image = Image.open('logo.jpg')
draw = ImageDraw.Draw(image)
draw.text((10, 10), '文字水印', (255, 0, 0), font=font)
image.show()
image.save('water_text.jpg')
```

上述代码的运行结果如图 10-18 所示。

图 10-18　添加红色文本水印

### 6. 图片找不同

找不同游戏是老少皆宜的休闲益智类游戏，其难点就是考验眼力，需要在规定的时间内从图片中找出不同的地方。其实破解这个游戏的方式很简单，本质就是查找两张图片的不同点。

【例 10-30】给定两张大小相同且内容稍微有所不同的图片，如图 10-19 和图 10-20 所示，使用脚本找出两张图的不同之处。

```python
from PIL import Image
from PIL import ImageChops
def compare_images(path_one, path_two, diff_save_location):
    image_one = Image.open(path_one)
    image_two = Image.open(path_two)
    diff = ImageChops.difference(image_one, image_two)
    if diff.getbbox() is None:
```

```
        print("图片相同")
    else:
        diff.save(diff_save_location)
        diff.show()
if __name__ == '__main__':
    compare_images('a.jpg', 'b.jpg', 'c.jpg')
```

上述代码的运行结果如图 10-21 所示。

图 10-19　找不同图片 A.jpg

图 10-20　找不同图片 B.jpg

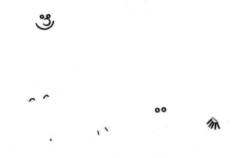

图 10-21　图片的不同之处 C.jpg

上述代码中使用了 difference 方法对比两张图片的不同点，可以看出两张图片的不同之处。

### 7. 生成图片缩略图

**缩略图**(thumbnail)是指网页或计算机中图片经压缩方式处理后的小图，其尺寸一般比原始尺寸小几倍，通常会根据屏幕宽度的自动改变而生成。

【例 10-31】将 logo.jpg 缩放为 100×100 的缩略图。

```
from PIL import Image
size = (100, 100)
image = Image.open('logo.jpg')
image.thumbnail(size)
image.save('thumb.jpg')
image.show()
```

上述代码的运行结果为图 10-14 缩放后的效果。

#### 8. 生成 gif 动图

动态图片简称动图，是指用一组特定的静态图像以指定的频率切换而产生动态效果的图片，一般以.gif 作为扩展名。

【例 10-32】准备若干张图片集用于制作动态表情，图片集如图 10-22 所示。

```
from PIL import Image
images = []
for i in range(5):
    im = Image.open('gif/{}.jpg'.format(i + 1))
    images.append(im)
images[0].save("test.gif",save_all=True,loop=True,append_images=images[1:],
duration=500)
```

上述代码的运行结果如图 10-23 所示。

图 10-22　表情图片集

图 10-23　表情动图

## 10.2.3　jieba 分词库

jieba 是目前表现较好的 Python 中文分词库，它的分词原理是利用一个中文词库，确定汉字之间的关联概率，概率大的就组成词组，形成分词结果。除了分词，用户还可以添加自定义词组。

#### 1. 安装

在终端执行以下安装命令，然后按 Enter 键，即可安装 jieba 分词库。

```
pip install jieba
```

```
pip install paddlepaddle-tiny
pip install paddlepaddle
```

### 2. 分词模式介绍

目前支持的分词模式包括：精确模式、全模式、搜索引擎模式和 paddle 模式，并且支持繁体分词，以及自定义词典。

### 3. cut()函数分词

使用 jieba 模块的 cut()函数进行分词，返回的结果是一个迭代器。cut()函数有以下 4 个参数。

(1) sentence：带分词的文本。

(2) cut_all：设置为 True 是全分词模式，设置为 False 是精确模式。

(3) use_paddle：是否使用 paddle 模式进行分词。

(4) HMM：是否使用 HMM 模式进行分词。

【例 10-33】使用精确模式进行分词。

```
import jieba
words = jieba.cut("开心趣科技董事长在河南省郑州市经开区空大学习", cut_all=False)
#words 为 generator 类型，手动转成列表类型
words = list(words)
print('分词后的结果为', words)
```

运行结果如下：

分词后的结果为 ['开心', '趣', '科技', '董事长', '在', '河南省', '郑州市', '经开区', '空大', '学习']

注意 >>> 该模式切分语句最精确，不会存在冗余数据，适合进行文本分析。

【例 10-34】使用全模式对字符串进行分词并输出。

```
import jieba
words = jieba.cut("开心趣科技董事长在河南省郑州市经开区空大学习", cut_all=True)
words = list(words)
print('分词后的结果为', words)
```

运行结果如下：

分词后的结果为 ['开心', '趣', '科技', '董事', '董事长', '在', '河南', '河南省', '郑州', '郑州市', '州市', '经', '开', '区', '空大', '大学', '学习']

注意 >>> 该模式会将语句中所有可能是词的词语都切出来，速度快，但数据会冗余。

【例 10-35】使用 paddle 模式对字符串进行分词并输出。

```
import jieba
words = jieba.cut("开心趣科技董事长在河南省郑州市经开区空大学习", use_paddle=True)
words = list(words)
print('分词后的结果为', words)
```

运行结果如下：

分词后的结果为 ['开心', '趣', '科技', '董事长', '在', '河南省', '郑州市', '经开区', '空大', '学习']

【例 10-36】识别字符串，并对字符串进行分词。

```
import jieba
words = jieba.cut("开心趣科技董事长在河南省郑州市经开区空大学习", HMM=True)
words = list(words)
print('分词后的结果为', words)
```

运行结果如下：

分词后的结果为 ['开心', '趣', '科技', '董事长', '在', '河南省', '郑州市', '经开区', '空大', '学习']

【例 10-37】使用搜索引擎模式对字符串进行分词。

```
import jieba
words = jieba.cut_for_search("河南省省长毕业于中国科学院计算机研究所，所以在郑州经济开发区
上班")
words = list(words)
print('分词后的结果为', words)
```

运行结果如下：

分词后的结果为['河南', '河南省', '省长', '毕业', '于', '中国', '科学', '学院', '科学院', '中国科学院', '计算', '算机', '计算机', '研究', '研究所', '，', '所以', '在', '郑州', '经济', '开发', '开发区', '上班']

**注意》》** 该模式是将精确模式中的长词按照全模式进行切分。

【例 10-38】自定义分词词典。
自定义词典中的如图 10-24 所示，一个词占一行；每一行分 3 个部分，一部分为词语，另一部分为词频，最后为词性(n 为名词、a 为形容词等，可省略)，用空格隔开。

图 10-24　自定义字典中的内容

```
import jieba
sentence = '河南省省长真的很优秀'
words = jieba.cut(sentence)
print('默认分词: ', list(words))
jieba.load_userdict('words.txt')
words = jieba.cut(sentence)
print('自定义词典分词: ', list(words))
```

运行结果如下：

默认分词：['河南省', '省长', '真的', '很', '优秀']
自定义词典分词：['河南省省长', '真的', '很优秀']

通过自定义用户字典，可以人为控制哪些词可以合并为一个词，如将"河南省"和"省长"识别为了"河南省省长"，有利于后续的文本分析。

【例 10-39】调节"开心趣""科""技"的词频为 True。

```python
import jieba
words = jieba.cut("开心趣科技董事长在河南省郑州市经开区空大学习", cut_all=False)
print('调整分词前的结果为', list(words))
jieba.suggest_freq('开心趣', True)
jieba.suggest_freq(('科', '技'), True)
words = jieba.cut("开心趣科技董事长在河南省郑州市经开区空大学习", cut_all=False)
print('调整分词后的结果为', list(words))
```

运行结果如下：

```
调整分词前的结果为 ['开心', '趣', '科技', '董事长', '在', '河南省', '郑州市', '经开区', '空大', '学习']
调整分词后的结果为 ['开心趣', '科', '技', '董事长', '在', '河南省', '郑州市', '经开区', '空大', '学习']
```

### 4. analyse

analyse 原意是分析的意思，jieba.analyse 提取句子级的关键词，关键词是最能反映文本的主题和意义的词语。其可以应用于文档的检索、分类和摘要自动编写等。例如，从新闻中提取关键词，就能大致判断新闻的主要内容。

【例 10-40】使用 TF-IDF 算法提取 text 新闻简介的关键词。

```python
from jieba import analyse
text = '中国—中亚峰会在西安国际会议中心成功举行，六国领导人共同签署了《中国—中亚峰会西安宣言》，通过了峰会成果清单，并决定以举办这次峰会为契机，正式成立中国—中亚元首会晤机制，每两年举办一次，轮流在中国和中亚国家举办。携手并肩，共迎挑战，这次峰会为各国合作开了一个好头。跟随大国外交最前线的脚步，一起走进共见记者现场。'
keywords = analyse.extract_tags(text, topK=10, withWeight=True, allowPOS=('n', 'v'))
print('关键词信息：', keywords)
```

运行结果如下：

```
关键词信息： [('峰会', 1.45121300215), ('举办', 0.7961934451961539), ('好头', 0.40016038809615384), ('会晤', 0.32531769005576927), ('契机', 0.31079210467769236), ('轮流', 0.30988973980538465), ('外交', 0.27841626582423074), ('前线', 0.2748938358992308), ('跟随', 0.2682346391826923), ('脚步', 0.26797133177884613)]
```

【例 10-41】使用 TextRank 算法提取 text 新闻简介的关键词。

```python
from jieba import analyse
text = '中国—中亚峰会在西安国际会议中心成功举行，六国领导人共同签署了《中国—中亚峰会西安宣言》，通过了峰会成果清单，并决定以举办这次峰会为契机，正式成立中国—中亚元首会晤机制，每两年举办一次，轮流在中国和中亚国家举办。携手并肩，共迎挑战，这次峰会为各国合作开了一个好头。跟随大国外交最前线的脚步，一起走进共见记者现场。'
keywords = analyse.textrank(text, topK=10, withWeight=True, allowPOS=('n', 'v'))
print('关键词信息：', keywords)
```

运行结果如下：

关键词信息：[('举办', 1.0), ('峰会', 0.7615191679112), ('领导人', 0.7577172976249009), ('外交', 0.6863713023280166), ('契机', 0.6210425038378112), ('走进', 0.5964349125066605), ('决定', 0.5730977011857336), ('脚步', 0.5372527283475421), ('跟随', 0.5288278655872846), ('前线', 0.5178311138691153)]

#### 5. 停用词过滤

停用词是指每个文档中都会大量出现，但是对于 NLP 没有太大作用的词，如"你""我""的""在"及标点符号等。过滤掉停用词可以提高 NLP 的效率。

【例 10-42】去除文本中不参与分词的内容。

```
import jieba
text = '中国中亚峰会在西安国际会议中心成功举行，六国领导人通过了峰会成果清单，并决定以举办这次峰会为契机。'
#未启动停用词过滤
seg_list = jieba.cut(text)
print('未启用停用词过滤时的分词结果: ', list(seg_list))
with open('stopwords.txt', 'r+', encoding='utf-8')as fp:
    stopwords = fp.read().split('\n')
word_list = []
seg_list = jieba.cut(text)
for seg in seg_list:
    if seg not in stopwords:
        word_list.append(seg)
print('启用停用词过滤时的分词结果: ', list(word_list))
```

运行结果如下：

未启用停用词过滤时的分词结果：['中国', '中亚', '峰会', '在', '西安', '国际会议中心', '成功', '举行', '，', '六', '国', '领导人', '通过', '了', '峰会', '成果', '清单', '，', '并', '决定', '以', '举办', '这次', '峰会', '为', '契机', '。']

启用停用词过滤时的分词结果：['中亚', '峰会', '西安', '国际会议中心', '成功', '举行', '六', '国', '领导人', '峰会', '成果', '清单', '决定', '举办', '这次', '峰会', '契机', '。']

### 10.2.4　WordCloud 词云构造库

WordCloud 是优秀的词云展示第三方库，可以将一段文本变成词云(词云以词语为基本单位，能够更加直观和艺术地展示文本)。

#### 1. 安装

在终端输入命令 pip install wordcloud，然后按 Enter 键，即可安装 WordCloud。

#### 2. WordCloud 方法

【例 10-43】生成汉字版词云并保存为图片。

```
import wordcloud
import jieba
w = wordcloud.WordCloud(font_path='c:/windows/fonts/simsun.ttc')
words = jieba.cut("我喜欢学习，他喜欢篮球，你喜欢什么？")
```

```
w.generate_from_text(" ".join(words))
w.to_file('words.png')
```

上述代码的运行结果如图 10-25 所示。

图 10-25　汉字版词云

**注意 >>>** 汉字必须设置字体，否则显示的是乱码。

【例 10-44】词云各类配置，设置图片宽高、字体、背景色等。

```
import wordcloud
font_path = 'c:/windows/fonts/simsun.ttc'   #设置字体
width = 300                                  #图片宽度
height = 200                                 #图片高度
#min_font_size 最小字体
#max_font_size 最大字体
#background_color 背景色
w = wordcloud.WordCloud(font_path, width, height, min_font_size=20,
max_font_size=50, background_color='white')
w.generate('我喜欢学习他喜欢篮球你喜欢什么')
w.to_file('words.png')
```

上述代码的运行结果如图 10-26 所示。

图 10-26　词云效果

【例 10-45】设置词云形状为指定的黑白剪贴画。

默认使用的词云形状是一个矩形，没有很强的艺术感，可以自定义词云的形状，需要自行准备一张词云效果图片，本例以黑白剪贴画为例，所需图片如图 10-27 所示。

```
import wordcloud
import imageio
import jieba
with open('稻香.txt', encoding='utf-8') as f:
    lrcs = f.readlines()
```

```
    total = {}
    for lrc in lrcs:
        words = jieba.cut(lrc.replace(' ', '').strip())
        for word in words:
            if word in total:
                total[word] += 1
            else:
                total[word] = 1
mk = imageio.imread("人物剪影图.jpg")
    font_path = 'c:/windows/fonts/simsun.ttc'
    background_color = 'white'
    w = wordcloud.WordCloud(font_path, background_color=background_color,
mask=mk)
    w.generate_from_frequencies(total)
    w.to_file('words.png')
```

上述代码的运行结果如图 10-28 所示。

图 10-27　人物剪影图

图 10-28　人物剪影词云图

# 10.3　表白墙

结合本章所学习的日期库、文本库、图像库等第三方库制作一个表白墙。表白墙在各种节日中更能发挥作用，尤其墙内的图片使用个人照片将会更有意义，充满浪漫色彩。

## 10.3.1　表白墙准备工作

表白墙的准备工作主要有两个，一是准备大量的照片素材，二是设计表白墙的样式。本示例的图片素材是通过爬虫技术从网络中采集的 500 张头像，如图 10-29 所示。每张图片的编号均以数字命名，目的是后期使用脚本读取图片更为方便；表白墙的设计略微烦琐，需要读者自己进行设计，本示例通过 0 和 1 来区分背景和显示图片的位置，如图 10-30 所示。

图 10-29　图片素材集

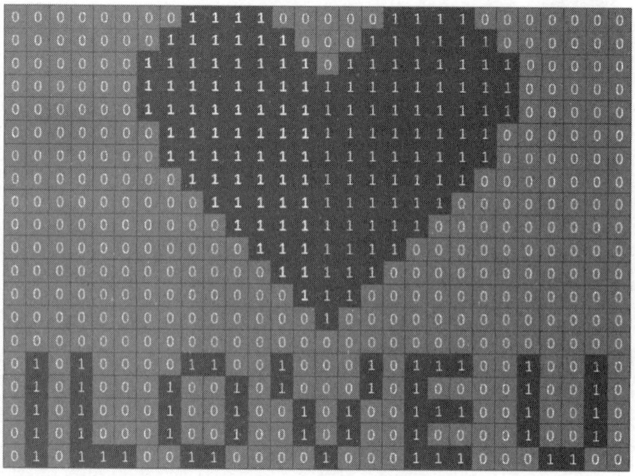

图 10-30　表白墙设计图

## 10.3.2　将表白墙转为 0 和 1

使用 Python 的列表类型来表示表白墙状态，其中每一行又由若干列组成，所以采用二维列表来表示，代码如下。

```
positions = [
[0, 0, 0, 0, 0, 0, 0, 0, 1, 1, 1, 1, 0, 0, 0, 0, 0, 1, 1, 1, 1, 0, 0, 0, 0, 0, 0, 0],
[0, 0, 0, 0, 0, 0, 0, 1, 1, 1, 1, 1, 1, 0, 0, 0, 1, 1, 1, 1, 1, 1, 0, 0, 0, 0, 0, 0],
[0, 0, 0, 0, 0, 0, 1, 1, 1, 1, 1, 1, 1, 1, 0, 1, 1, 1, 1, 1, 1, 1, 1, 0, 0, 0, 0, 0],
[0, 0, 0, 0, 0, 0, 1, 1, 1, 1, 1, 1, 1, 1, 1, 1, 1, 1, 1, 1, 1, 1, 1, 0, 0, 0, 0, 0],
[0, 0, 0, 0, 0, 0, 1, 1, 1, 1, 1, 1, 1, 1, 1, 1, 1, 1, 1, 1, 1, 1, 1, 0, 0, 0, 0, 0],
```

```
[0, 0, 0, 0, 0, 0, 0, 1, 1, 1, 1, 1, 1, 1, 1, 1, 1, 1, 1, 1, 1, 1, 0, 0, 0, 0, 0, 0],
[0, 0, 0, 0, 0, 0, 0, 1, 1, 1, 1, 1, 1, 1, 1, 1, 1, 1, 1, 1, 1, 1, 0, 0, 0, 0, 0, 0],
[0, 0, 0, 0, 0, 0, 0, 0, 1, 1, 1, 1, 1, 1, 1, 1, 1, 1, 1, 1, 1, 0, 0, 0, 0, 0, 0, 0],
[0, 0, 0, 0, 0, 0, 0, 0, 1, 1, 1, 1, 1, 1, 1, 1, 1, 1, 1, 1, 0, 0, 0, 0, 0, 0, 0, 0],
[0, 0, 0, 0, 0, 0, 0, 0, 0, 1, 1, 1, 1, 1, 1, 1, 1, 1, 1, 0, 0, 0, 0, 0, 0, 0, 0, 0],
[0, 0, 0, 0, 0, 0, 0, 0, 0, 1, 1, 1, 1, 1, 1, 1, 1, 1, 0, 0, 0, 0, 0, 0, 0, 0, 0, 0],
[0, 0, 0, 0, 0, 0, 0, 0, 0, 0, 1, 1, 1, 1, 1, 1, 0, 0, 0, 0, 0, 0, 0, 0, 0, 0, 0, 0],
[0, 0, 0, 0, 0, 0, 0, 0, 0, 0, 0, 1, 1, 1, 1, 0, 0, 0, 0, 0, 0, 0, 0, 0, 0, 0, 0, 0],
[0, 0, 0, 0, 0, 0, 0, 0, 0, 0, 0, 0, 1, 0, 0, 0, 0, 0, 0, 0, 0, 0, 0, 0, 0, 0, 0, 0],
[0, 0, 0, 0, 0, 0, 0, 0, 0, 0, 0, 0, 0, 0, 0, 0, 0, 0, 0, 0, 0, 0, 0, 0, 0, 0, 0, 0],
[0, 1, 0, 1, 0, 0, 0, 0, 1, 1, 0, 0, 1, 0, 0, 0, 1, 0, 1, 1, 1, 0, 0, 1, 0, 0, 1, 0],
[0, 1, 0, 1, 0, 0, 1, 0, 1, 0, 0, 1, 0, 0, 0, 1, 1, 0, 1, 0, 0, 0, 0, 1, 0, 0, 1, 0],
[0, 1, 0, 1, 0, 0, 1, 0, 1, 0, 0, 1, 0, 0, 1, 0, 1, 0, 1, 1, 1, 0, 0, 1, 0, 0, 1, 0],
[0, 1, 0, 1, 0, 0, 1, 0, 1, 0, 0, 1, 0, 0, 1, 0, 1, 0, 0, 0, 1, 0, 0, 1, 0, 0, 1, 0],
[0, 1, 0, 1, 1, 1, 0, 0, 1, 1, 0, 0, 0, 0, 1, 0, 0, 0, 1, 1, 1, 0, 0, 0, 1, 1, 0, 0],
]
```

结合上面的二维列表创建表白墙图片，规定每张水印的宽高，每个点位用几张水印填充，进而得出背景图的宽和高。

```
from PIL import Image
SIZE = 50                          #每张图片的尺寸为 50*50
N = 4                              #每个点位上放置 2*2 张图片
width = 28 * N * SIZE              #照片墙的宽度
height = 20 * N * SIZE            #照片墙的高度
#照片墙需要的照片数为 28 * 20 * (N ** 2)
bg = Image.new("RGB", (width, height), (255, 255, 255))
bg.save("bg.jpg")
```

由上述代码可知，每个单元格的宽高为 50，背景墙宽 28 个点位，高 20 个点位，背景颜色为白色，每个点位由 4 张水印覆盖，所以最终表白墙的宽度为 5600、高度为 4000，整个背景覆盖完整应使用 8960 张图片。若图片素材不足，则可重复使用之前的图片，里面的参数可自行根据实际情况设置为不同的值。

## 10.3.3　读取头像并添加水印

所谓表白墙实际就是将不同的头像以添加水印的方式添加到背景图片中。只不过水印由图片素材表示且水印位置已经提前设计好了而已，从而拥有了浪漫色彩。

```
for y in range(20):
    for x in range(28):
        if positions[y][x] == 1:
            pos_x = x * N * SIZE
            pos_y = y * N * SIZE
            for yy in range(N):
                for xx in range(N):
                    water_path = f"images/{water_num % 500 + 1}.jpg"
                    water = Image.open(water_path)
                    water = water.resize((SIZE, SIZE), Image.ANTIALIAS)
                    bg.paste(water, (pos_x + xx * SIZE, pos_y + yy * SIZE))
                    water_num += 1
```

头像添加完毕后的效果如图 10-31 所示。

图 10-31　表白墙效果图

# 本章小结

本章介绍了 Python 的计算生态，主要是开发过程中常见的库，包括时间处理、文字处理、图片处理等，每个库都提供了相应的示例，在以后的编程实践中都可以直接使用，尤其是图片加水印，也是将来提升版权意识的手段之一；最后的表白墙示例综合运用了循环遍历、坐标计算、水印添加等知识。

# 思考与练习

## 一、单选题

1. Python 3 中使用的图像处理库是(　　)。
A.PIL　　　　　B. pillow　　　　　C. bootstrap　　　　D. element-ui

2. 生成随机整数时可以使用(　　)方法。
A. random　　　B. randint　　　　C. choice　　　　　D. shuffle

3. 如果 date.weekday()的结果是 2，则表示为星期(　　)。
A. 四　　　　　B. 五　　　　　　C. 六　　　　　　　D. 三

4. 时间戳是从格林威治时间的(　　)年开始算的。
A. 1970　　　　B. 1949　　　　　C. 1980　　　　　　D. 1960

5. 编程中的坐标原点(0,0)一般指的是(　　)位置。
A. 左上角　　　B. 左下角　　　　C. 右上角　　　　　D. 右下角

## 二、填空题

1. random.ranint 星期(1,9)表示的含义是生成_____到_____的随机整数。

2. 如果现在是星期二，则 date.isoweekday()返回的值为_____(填数字)。

3. 通过在函数定义的前面添加_____符号和装饰器名，实现装饰器对函数的包装。

4. 在 Python 中，如果一个目录包含 __init__.py 文件，则该文件一般被称为_____(填汉字)。

5. 计算生态由_____和_____两部分组成(填汉字)。

## 三、编程题

1. 为一张图片添加一个图片水印，要求图片水印要位于图片的正中心。

2. 现有一个时间戳，数值为 1684634805，请计算它对应的年、月、日、时、分、秒。

3. 使用 turtle 库绘制一幅新春祝福，效果如图 10-32 所示。

图 10-32　新春祝福效果图

4. 编写函数，为文件夹中的所有图片添加宽度为 10 的边框。要求：可以在上、下、左、右单独添加边框，或者全部加边框，可以指定边框的宽度和颜色，效果如图 10-33 所示。

图 10-33　添加边框后的效果图

 读书笔记

# 参考文献

[1] Python 编程快速上手：让繁琐工作自动化[M]. 王海鹏，译. 北京：人民邮电出版社，2021.

[2] Wes McKinney. 利用 Python 进行数据分析：第 2 版[M]. 徐敬一，译. 北京：机械工业出版社，2018.

[3] 道格·赫尔曼. Python3 标准库[M]. 苏金国，李璟，等译. 北京：机械工业出版社，2021.

[4] Brandon Rhodes, John Goerzen. Python 网络编程[M]. 诸豪文，译. 2 版. 北京：人民邮电出版社，2016.

[5] 董付国. Python 程序设计基础[M]. 3 版. 北京：清华大学出版社，2023.